Sergio Ayvar Serna
José Fco. Díaz Nájera
Oscar Romero Comino

El cultivo de agave mexicano para la producción de mezcal

El cultivo de agave mexicano para la producción de mezcal

Sergio Ayvar Serna
José Fco. Díaz Nájera
Oscar Romero Comino

El cultivo de agave mexicano para la producción de mezcal

Proceso y producción

Editorial Académica Española

Imprint
Any brand names and product names mentioned in this book are subject to trademark, brand or patent protection and are trademarks or registered trademarks of their respective holders. The use of brand names, product names, common names, trade names, product descriptions etc. even without a particular marking in this work is in no way to be construed to mean that such names may be regarded as unrestricted in respect of trademark and brand protection legislation and could thus be used by anyone.

Cover image: www.ingimage.com

Publisher:
Editorial Académica Española
is a trademark of
International Book Market Service Ltd., member of OmniScriptum Publishing Group
17 Meldrum Street, Beau Bassin 71504, Mauritius

Printed at: see last page
ISBN: 978-620-2-25735-0

PRÓLOGO

El agave es una de las plantas más nobles que América aportó al mundo. Del tallo maduro (piña) se obtiene el mezcal, bebida de gran aceptación popular, sobre todo entre los habitantes que no disponen de suficientes ingresos para comprar otras bebidas alcohólicas de mayor precio. En la elaboración de la bebida, se utilizan tallos jimados (piñas) de agaves silvestres o cultivados, de 8 *años* o más de edad; de las especies de: *Agave angustifolia, A. esperrima, A. weberi, A. potatorum* y *A. salmiana*

Las piñas se someten a cocción, despencado, picado y fermentación en agua; después el material se destila para colectar el mezcal blanco o joven.

La cosecha intensiva y la depredación de los núcleos de plantas naturales existentes, hace imprescindible impulsar la producción tecnificada del cultivo para satisfacer la demanda de materia prima existente en los mercados de consumo de mezcal.

Entre los factores amenazantes del cultivo, destacan la infestación por malezas mono y dicotiledóneas, como: acahual *Tithonia tubaeformis* (Jacq.) Cass.; zacate plumilla *Leptochloa filiformis* (Lam.) Beauv.; Anual; rosa amarilla *Melampodium divaricatum* (L. Rich. Exp. Pers); Ojo de perico *Sanvitalia procumbens* Lam.; quelite *Amaranthus hybridus* L.; Anual; huizache *Acacia aff. farnesiana* (L.) Willd.; Verdolaga *Potulaca oleracea* L. y muchas otras. Además del ataque de plagas como:

picudo *Scyphophorus interstitialis* Gylh.; (=*S. acupunctatus* Gylh.); escarabajo rinoceronte *Strategus aloeus* L.; escamas *Acutaspis agave;* gusano rojo del maguey *Hypopta agavis* y otras. Asimismo, destacan las enfermedades: punta seca *Fusarium oxysporum* Schl.; secazón (complejo de *Fusarium oxysporum* + *Erwinia* sp.); mancha cebra *Alternaria* sp.; mancha marginal *Phomopsis* sp.; mancha bacteriana *Erwinia* sp.; mancha angular *Fusarium* sp. y fumagina (*Capnodium* sp.; *Fumago* sp.; etc.). Es importante la difusión de la tecnología de producción que contribuya a disminuir los daños causados por estos y otros factores; así como a mejorar el manejo integrado y la rentabilidad del insumo-producto agave-mezcal.

Los autores.

CONTENIDO

Página

I. INTRODUCCIÓN

El agave es una de las plantas más nobles que América aportó al mundo. Aunque se utilizan todas las partes de la planta; el tallo es el más apreciado porque en sus tejidos almacena los carbohidratos que sirven como materia prima para obtener el mezcal, que es una bebida alcohólica tradicional de México, y forma parte de las tradiciones, cultura y festividades de diversas zonas geográficas dispersas en el territorio mexicano; las cuales presentan una amplia variabilidad en la elaboración artesanal de mezcal.

El mezcal es una bebida de gran aceptación popular, sobre todo entre los habitantes que no disponen de suficientes ingresos para comprar otras bebidas alcohólicas de mayor precio. Los fabricantes de mezcal obtienen la materia prima de poblaciones silvestres de agaves, que crecen en condiciones de clima y suelo marginales, en donde difícilmente podrían prosperar otras especies vegetales útiles al hombre. El proceso comienza con la cosecha del agave después de 8 *años* de cultivo, en esta etapa las plantas son cortadas de su base y la mayor parte de sus hojas son retiradas, obteniéndose las piñas de agave, las cuales son cocidas en hornos o autoclaves. En esta etapa, los polisacáridos, principalmente los de reserva (fructanos), son hidrolizados térmicamente para obtener un jarabe rico en fructosa que, posteriormente se somete a fermentación alcohólica con levaduras nativas o cepas seleccionadas, finalmente el mosto con un contenido de etanol de 3 a 6 % v/v aproximadamente; se destila para obtener el mezcal blanco o joven (Cedeño, 1995).

En la elaboración de mezcal se pueden emplear diversas especies de agaves; entre las cuales, las más comunes son. *Agave angustifolia, A. esperrima, A. weberi, A. potatorum* y *A. salmiana* (Figura 1). La calidad de la bebida alcohólica depende de la interacción de los componentes volátiles, entre sí, y con los receptores sensoriales del consumidor, que producen las sensaciones *sui generis* de aroma

1

y sabor, que caracterizan al mezcal producido en cada alambique o región (Tešević *et al.*, 2005; Molina-Guerrero *et al., 2007*).

Al paso del tiempo, la cosecha irracional y la depredación por el hombre, han amenazado los núcleos de plantas naturales existentes y, por esta razón, se considera importante impulsar la producción tecnificada del cultivo para satisfacer la demanda de materia prima que existe en el mercado de consumo de mezcal.

Aunque en Guerrero existen la Cadena Productiva y el Consejo Estatal del Agave-Mezcal, que han hecho esfuerzos interesantes para impulsar y difundir el consumo de este producto (Molina-Guerrero *et al., 2007)*; es importante continuar promoviendo la difusión de la tecnología de producción que contribuya a mejorar el manejo y la rentabilidad de este insumo-producto.

Agave angustifolia Haw.   *A. potatorum* Zucc.

Figura 1. Especies comunes de agaves para producción de mezcal (Castro, 2007).

II. ANTECEDENTES

El término *"maguey"* es de origen caribeño-antillano; se utiliza para designar a las diversas especies de *Agave* existentes en México y en otras partes de América; es probable que el término haya sido acuñado por los conquistadores europeos. Mientras que la palabra *"mezcal"*, se deriva del náhuatl *"mexcalli"* (*metl* = *maguey* e *ixcalli* = cocido o hervido), y sirve para designar a la bebida alcohólica obtenida de la fermentación y destilación del líquido extraído de las piñas cocidas de agave (Aguirre *et al.*, 2001; CONABIO, 2006). Los antiguos pobladores elaboraban vino de mezcal, de los magueyes nativos de las planicies costeras del Pacifico y de la Sierra Madre Occidental (Aguirre *et al.*, 2001).

En el estado de Guerrero, de acuerdo con Figueroa (2007), el mezcal se empezó a producir en forma clandestina, desde 1785, en las regiones de Chilapa, Acapulco y la depresión del Balsas; en donde se recolectaban y procesaban magueyes silvestres de hojas ancha y angosta. Actualmente, la industria mezcalera comprende más de 200 fábricas artesanales (alambiques) que genera beneficios económicos para unos 2 mil productores del estado. Existen 4 empresas envasadoras que producen 12 marcas registradas comerciales de mezcal, destacando dentro de ellas el "Tecuan", con sede en Chilpancingo, Gro.

III. DISTRIBUCIÓN GEOGRÁFICA

El agave para elaborar mezcal sólo se cultiva en México, único país que posee la *Denominación de Origen del Mezcal* (CNSPMM, 2007).

La superficie de las plantaciones comerciales no se encuentran registradas en un inventario nacional; no obstante, se infiere que éste es superior a las 53,000 *ha* (Cuadro 1).

El principal estado productor de agave-mezcal es Oaxaca con una superficie cultivada de aproximadamente 21,520 *ha* (AGROPRODUCE, 2007).

El estado de Guerrero tiene una superficie cultivada cercana a las 9,008 *ha*; de ésta, más del 50% corresponden a las empresas productoras de mezcal: El Platanar S.A.; Mezcal de la Sierra de Guerrero SPR de RL; Productores de Mezcal Xochicalehualatl SPR de RL; Mezcal Avecanor S.A.

Cuadro 1. Estados productores de agave-mezcal

Estado	Sup.(ha)	%
Oaxaca	21,520.00	38.00
Zacatecas	16,890.00	30.00
Guerrero	9,008.00	16.00
Durango	3,941.00	7.00
San Luis P.	2,923.00	5.00
Tamaulipas	1,018.00	2.00
Guanajuato	1,000.00	2.00
Total	**53,300.00**	**100.00**

Fuente: CNSPMM, (2007).

de C.V.; Sansekan Tinemi SSS y Mezcal Guerrero. El 80% de las plantaciones tienen un tamaño de 0-50 *ha*; el 10%, de 50-100 y el otro 10% son plantaciones de más de 100 *ha*; las cuales tienen las ventajas comparativas contra las poblaciones silvestres, de cultivar altas densidades de población (3 mil plantas ha^{-1}) y en lugares estratégicos. No obstante, El estado no dispone de un inventario actualizado de la superficie establecida con agave, en los principales municipios productores de mezcal (Anónimo, 2005; Anónimo, 2007d).

En Guerrero existen alrededor de 108,000 *ha* con poblaciones de agave silvestre, principalmente de hoja ancha llamado "maguey papalote" (*Agave cupreata* Trel. & Berg. Figura 1). Aunque en la región norte predomina la especie de hoja angosta denominado "maguey espadín" (*A. angustifolia* Haw. Figura 1) (Anónimo, 2005).

La superficie con agave silvestre contiene, en promedio, 350 plantas ha^{-1}, de las cuales, sólo madura un 10% anual y esta etapa requiere hasta 10 *años*; cada planta produce una piña con un peso promedio de 30 *kg*. Se debe tomar en cuenta que para elaborar 1 *L* de mezcal se utilizan 11 *kg* de maguey (Anónimo, 2005).

La información indicada permite determinar los indicadores siguientes:

- 350 (plantas silvestres ha^{-1}) x 10% (maduración anual)= 35 piñas maduras ha^{-1} anualmente
- 35 (piñas maduras ha^{-1} por año) x 30 *kg* (peso medio de la piña) = 1,050 *kg* de maguey maduro
- El rendimiento promedio anual de agave maduro ha^{-1}, es de 1.05 *ton*
- 108,000 *ha* (con agave silvestre en Guerrero.) x 1.05 (rendimiento anual ha^{-1}) = 113,400 ton de agave.

Por consiguiente en Guerrero se tiene una disponibilidad anual de agave maduro de 113,400 *ton*, considerando que se utilizan 11 *kg* para hacer un L de mezcal, entonces con este volumen de maguey se podrían elaborar 10,309,091 L de mezcal $año^{-1}$. Es decir se podría elevar la producción de mezcal más de 7 veces, tomando en cuenta que se producen, en promedio, sólo 1.4 millones de *L* $año^{-1}$ (Anónimo, 2005).

Aunque se elevaría la producción cabe aclarar que al explotar las magueyeras cada vez es más difícil extraer el maguey de los lugares de difícil acceso, con lo que también se encarece el costo de recolección (Barrios *et at.*, 2006).

IV. DENOMINACIÓN DE ORIGEN

La República Mexicana tiene exclusivamente la denominación de origen; la cual está asignada a los estados de: Oaxaca, Guerrero, Zacatecas, Durango, San Luís Potosí (Figura 2) y algunos municipios de Guanajuato y Tamaulipas (CNSPMM, 2007).

Figura 2. Estados mexicanos con denominación de origen del agave-mezcal (CNSPMM, 2007).

V. GENERALIDADES DEL CULTIVO DE AGAVE

5.1 Historia

El término *"maguey"* es de origen caribeño-antillano; se utiliza para designar a las diversas especies de *Agave* existentes en México y en otras partes de América; es probable que el término haya sido acuñado por los conquistadores europeos. Mientras que la palabra *"mezcal"*, se deriva del náhuatl *"mexcalli"* (*metl* = *maguey* e *ixcalli* = cocido o hervido), y sirve para designar a la bebida alcohólica obtenida de la fermentación y destilación del líquido extraído de las piñas cocidas de agave (Aguirre *et al.*, 2001; CONABIO, 2006). Los antiguos pobladores elaboraban vino de mezcal, de los magueyes nativos de las planicies costeras del Pacifico y de la Sierra Madre Occidental (Aguirre *et al.*, 2001).

En el estado de Guerrero, de acuerdo con Figueroa (2007), el mezcal se empezó a producir en forma clandestina, desde 1785, en las regiones de Chilapa, Acapulco y la depresión del Balsas; en donde se recolectaban y procesaban magueyes silvestres de hojas ancha y angosta. Actualmente, la industria mezcalera comprende más de 200 fábricas artesanales (alambiques) que genera beneficios económicos para unos 2 mil productores del estado. Existen 4 empresas envasadoras que producen 12 marcas registradas comerciales de mezcal, destacando dentro de ellas el "Tecuan", con sede en Chilpancingo, Gro..

5.2 Origen

En la región de Mesoamérica evolucionaron dos razas durante los últimos 10 a 15 mil años, que fueron de utilidad para varias civilizaciones exitosas (Figueroa, 2007).

5.3 Usos

Los usos del agave son tan diversos como la necesidad y creatividad artística del hombre. Entre los agaves destaca el mezcalero, por su importancia económica, social y tradicional (Figueroa, 2007).

En México la planta de maguey se ha utilizado desde los primeros pobladores hasta la actualidad, para satisfacer y complementar una serie de necesidades básicas como alimento, medicamentos y construcción entre otras (Granados, 1993).

5.4 Taxonomía y especies de agave

La posición taxonómica general de los agaves utilizados para mezcal, se encuentra en el Cuadro 2.

La *Agavaceae*. está conformada por más de 120 especies de agaves (Cuadro 3), las más utilizadas en la

Cuadro 2. Taxonomía del agave-mezcal

Categoría	Ubicación
Reino	*Vegetal*
Subreino	*Embryophyta*
División	*Tracheophyta*
Subdivisión	*Pteropside*
Clase	*Angiospermae*
Subclase	*Monocotiledonea*
Orden	*Agavales*
Familia	*Agavaceae (Amarillidaceae)*
Subfamilia	*Agavoideae*
Genero	*Agave*
Subgenero	*Euagave*
Sección	*Rigidae*
Especies	*angustifolia* Haw *cupreata* Trel. & Beger. *potatorum* Zuc.
Nombre científico:	*Agave* spp.
Nombre común:	Agave o maguey mezcalero
Fuente: Gentry (1982); Granados (1993); Figueroa (2007a); CONABIO, 2006	

elaboración de mezcal son: *A. cupreata, A. angustiofolia, A. esperrima, A. weberi, A. potatorum* y *A. salmiana,* que transmiten calidad y sabor inconfundibles al mezcal (Molina-Guerrero *et al.,* 2007).

Cuadro 3. Especies de agave utilizadas para elaborar mezcal en Guerrero

Sección	Nombre		Tipo de hoja
	Científico	Común	
Crenatae	*A. cupreata* Trel.	Maguey papalote*	Ancha
Rigidae	*A. angustifolia* Haw.	Maguey espadín*	Angosta
Rigidae	*A. rhodacantha* Trel.	Maguey mexicano	Angosta
Hiemiflorae	*A. potatorum* Zucc.	Maguey tobala	Ancha
Marmoratae	*A. marmorata* Roezl.	Maguey tepeztate	Ancha

Fuente: Figueroa (2007b)

5.5 Morfología

Las plantas de agave o maguey se caracterizan por presentar hojas grandes, gruesas y carnosas y pueden almacenar cantidades considerables de agua (Figueroa, 2007). Son de naturaleza monoica, semi-perennes con flores perfectas e incompletas. Florecen sólo una vez en su ciclo de vida (Figura 3) (Tosco citado por Chagoya, 2002 y Barrios *et al.*, 2006).

La raíz es fibrosa, muy ramificada y con gran capacidad para absorber agua.

El tallo también conocido como *mezontle*, es cilíndrico, alargado, de color blanco, textura carnosa y se encuentra totalmente cubierto por las hojas; crece hasta alcanzar unos 3 *m* de longitud.

Las hojas o pencas son sésiles, anchas, de forma ovada, acanaladas, de color verde con tonalidad amarillenta brillante; terminan con una espina apical de forma curvada, de color cobre y en los bordes del limbo están rodeadas de pequeñas espinas curvadas hacia la inserción de la hoja (Figura 5). La roseta formada es aproximadamente de 40 a 80 *cm* de ancho por 18 a 20 *cm* de alto, La estructura que se forma de la unión del tallo con la parte basal de las hojas se conoce como *"piña"* (Gentry, 1982; Granados, 1993 y Chagoya, 2002).

Cuando la planta llega al final del ciclo vegetativo, del centro del rosetón de hojas emite un escapo floral conocido como: quiote, bohordo, varejón y *calehual*, el cual alcanza alturas de hasta 10 *m*, que termina en una serie de ramificaciones conocidas como "manos", en las que están insertadas las inflorescencias (Figura 5). Las flores son grandes, verdosas perfectas e incompletas (porque no diferencian el cáliz y la corola; están pegados formando un perigonio); son de color amarillento.

El fruto es una cápsula que, cuando es tierna es de color verde y al madurar se torna de color café; es dehiscente y contiene numerosas semillas negras y aplanadas (Figura 5), (Granados, 1983; Chagoya, 2002).

Algunas plantas mueren tras la floración, aunque sus rizomas pueden originar plantas nuevas. La planta puede crecer también a partir de semillas, bulbos o raíces subterráneas. Son perennes, presentan espinas marginales y crecen hasta 2 m de altura, formando racimos en la base de la planta (Figueroa, 2007).

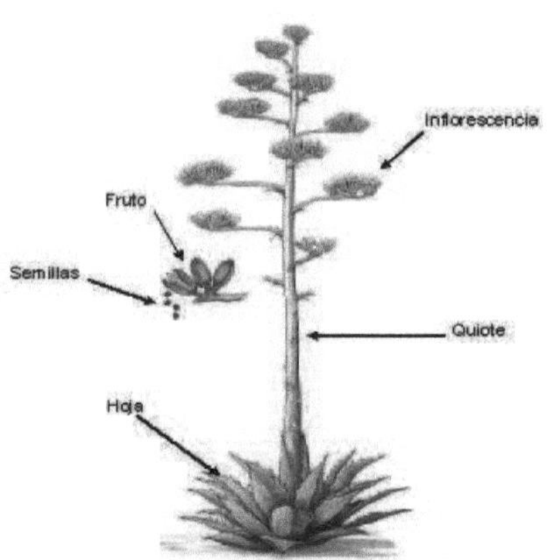

Figura 3. Morfología del agave (CONABIO, 2006).

Figura 4. Estructuras botánicas de agave (Figueroa 2007b).

5.6 Ecología

La planta de agave prospera en condiciones de suelo y clima marginales; se adapta a climas: semicálidos, templados, subhúmedos y semidesérticos (Figueroa, 2007b).

A. _Altitud_. El maguey predomina en forma silvestre en lugares con elevaciones de 1220 a 1850 $msnm$ (Gentry, 1982). Aunque, puede desarrollarse óptimamente desde 600 hasta 1900 m; en altitudes superiores las plantas retrasan su desarrollo. La adaptación a condiciones extremas genera bajo crecimiento y baja concentración de azúcares en el tallo o piña (Figueroa, 2007).

B. _Precipitación_. La planta presenta un buen desarrollo con 400 a 800 mm anuales, bien distribuidos en los meses de junio a octubre (Figueroa, 2007).

C. _Temperatura_. Se adapta desde los 18 hasta los 38 $^{\circ}C$; en zonas semidesérticas (35 °C) y de nivel medio (22 $^{\circ}C$) (Figueroa, 2007).

11

D. *Suelo*. Aunque se desarrolla en diversos tipos de suelos; prospera mejor en los de textura arcillosa y migajón-arcillosa, permeables, abundantes en elementos derivados del basalto, ricos en hierro, de color rojizo claro; en los de textura muy arcillosa, es muy susceptible a problemas sanitarios (Figueroa, 2007).

VI. PROPAGACIÓN DEL AGAVE

La reproducción del maguey para establecer nuevas plantaciones, de acuerdo con Figueroa (2007b), puede realizarse de las formas siguientes:

Figura 5. Planta de agave con hijuelos (Figueroa, 2006)

- **Apomixis.** Es una forma de reproducción asexual, en donde participa solamente uno de los gametos para la generación del embrión.

- **Rizoma.** Es un tallo subterráneo de crecimiento horizontal, con hojas modificadas a escamas, nudos, entrenudos y yemas que originan brotes o hijuelos (nuevas plantas).

- **Semilla.** Se colectan de la planta madre madura; se siembran en almácigo y se obtienen las plantas jóvenes (vivero) que después se trasplantan al terreno de cultivo.

- **In vitro.** Se utiliza tejido de la planta, para producir hijuelos en medio de cultivo y condiciones de laboratorio.

La mayoría de los agaves de hoja angosta y algunos de hoja ancha se propagan por hijuelos de rizoma y de varejón (bulbillos) y por semilla. La especie *A. cupreata* Trel. (papalote) no produce hijuelos; por lo tanto, se reproduce exclusivamente por semilla; aunque se están realizando esfuerzos importantes para multiplicarlo mediante la técnica de cultivo de tejidos *in vitro*, que contribuye a lograr clones de alta calidad y sanidad (Anónimo, 2004; Arredondo y Espinosa, 2005; Enríquez, 2007).

Las plantas de agave, cuando llegan a la madurez, emiten un escapo floral (botánicamente es una panícula) conocido como quiote, *calehual* o varejón, el cual produce flores hermafroditas que al fructificar dan frutos (cápsulas) con numerosas semillas ovaladas aplanadas de color obscuro (Figura 6); cada quiote del maguey papalote, contiene entre 0.5 y 1.5 *kg* de semilla; la cual, debe recolectarse durante marzo y abril. La semilla se pone a secar al sol; antes de la siembra, se puede verificar su viabilidad sumergiéndola en agua y, las que floten, se eliminan porque no alcanzaron su maduración y son infértiles; además, el remojo acelera la germinación de las fértiles (Barrios *et al.*, 2006; Estrada y Capilla *s/a*).

De acuerdo con Arredondo y Espinosa (2005); Barrios *et al.* (2006); Figueroa (2007a) y Figueroa (2007b), existen diversas estrategias para la obtención de plántulas:

- *En camas de germinación*. Éstas se hacen de 1 *m* de ancho por 5 *m* de longitud. Se utiliza como sustrato una mezcla de tierra de monte, lama de río y abono orgánico (estiércoles de bovino o caprino). Se siembra semilla de 6 a 9 *meses* de cosechada; se distribuye al voleo y se cubre con 0.5 *cm* de tierra. A la cama se le proporciona sombra (70%). Las plántulas emergen de los 10 a 15 *días* después de la siembra (*dds*); están listas para el trasplante en campo, de 10 a 12 *meses* después de la siembra.

En almácigo de piso. Se preparan camas de 1 *m* de ancho por 2 *m* de largo; se utiliza suelo arenoso mezclado con estiércol de bovino o bagazo de maguey bien descompuesto; se plantan plántulas de bulbillo a 5 *cm* de separación entre hileras y plantas; se proporciona abundante humedad; cuando las plantas tienen de 8 a 10 *cm* de altura, se arrancan y trasplantan a vivero. En éste debe predominar el suelo arenoso para prevenir el exceso de humedad, que afecta al agave. Se prepara el terreno mediante barbecho; se construyen camas niveladas de 1.5 *m* de ancho y del largo deseado; se levanta un bordo de 20 *cm* de altura; se coloca una capa de 5 *cm* de espesor de bagazo de maguey o estiércol de bovino descompuestos. La distancia recomendable entre plantas e hileras es de 20 *cm*, a tresbolillo (25 plantas m^{-2}); cuando las plantas presentan de 30 a 40 *cm* de altura (a los17 ó 19 meses), están aptas para trasplantarse.

Charolas. La siembra también se puede hacer en charolas de polipropeno (unicel), para germinación, llenas con una mezcla de sustrato y fertilizantes, en las proporciones siguientes: Peat moss 28.1% (4 bultos), Agrolita 35.2% (5 bultos), Vermiculita 35.2% (5 bultos) y fertilizante granulado osmocote 1.5% (10 *kg*).

Macetas. La siembra también puede hacerse en bolsas de polietileno negro de 10 x 15 *cm*, a los 10 ó 15 *días* comienza la emergencia y después de 6 *meses*, las plantas están aptas para cultivarlas en el vivero, en donde deben permanecer de 9 a 12 *meses*, antes de trasplantarse al terreno final de cultivo.

Sistema de vivero con etapa de guardería. En Guerrero existe un nuevo sistema propuesto por Saldaña, citado por Estrada y Capilla s/a, denominado *"Cultivo de maguey"*, que puede ser usado en campo sin protección de cercos. Este sistema consiste en prolongar la etapa en vivero un año más, con lo que el maguey se reviste de espinas más duras y alcanza un diámetro de cebolla de aproximadamente 25 cm, que le permite defenderse del ataque de ganado. La distancia entre plantas en etapa de guardería debe ser de 50 cm.

Sistema de pregerminado y refrigeración. Se utiliza en Zumpango, por productores expertos y progresistas en el cultivo de agave; quienes, de abril a mayo, recolectan la semilla, la seleccionan, la someten a un tratamiento de remojo y pregerminación hasta la ruptura de la testa; se conserva en refrigeración y se siembra en el terreno de cultivo cuando está establecido el temporal.

VII. TECNOLOGÍA DE PRODUCCIÓN DE AGAVE

En las regiones productoras se han desarrollado diversos sistemas de producción, como: agaves solo (monocultivo) y asociado con frutales (manzano, durazno), forestales (encino y pino) o cultivos básicos de maíz, fríjol, garbanzo, etc. (Estrada y Capilla *s/a*). Las diversas actividades a realizar durante el proceso de producción de los tallos jimados o piñas de agave, que son la materia prima para la elaboración de mezcal, se describen a continuación.

7.1 Preparación del terreno

Esta labor depende de las condiciones del terreno, el grado de mecanización, la capacidad económica y el sistema de producción; se realiza durante el primer año del establecimiento de la plantación.

En terrenos más o menos planos, se realiza la preparación convencional mediante barbecho, rastreo y surcado, con tracciones mecánica o animal (Castro, 2007). En suelos de ladera o con pendiente pronunciada, que son los predominantes en la entidad, sólo se hace la apertura de cepas de 20×20×20 cm con ayuda de un pico o barreta (Estrada y Capilla *s/a*).

Es conveniente trazar curvas de nivel en terrenos con topografía de lomerío, laderas o pendientes accidentadas, con el propósito de facilitar la escorrentía del agua de lluvia, prevenir la erosión hídrica, facilitar el sistema de drenado y evitar encharcamientos y el ataque de enfermedades fungosas. Asimismo, las laderas y cerros las plantaciones deben realizarse con trazo de curvas a nivel, formación de terrazas y compactación del bordo, talud y cresta (Castro, 2007).

7.2 Densidad de población y sistema de producción

En terrenos con laderas o pendientes acentuadas, se pueden plantar de 2,000 a 3,000 plantas ha^{-1} (**Cuadro** 4). En lugares pedregosos o difíciles de limpiar, se pueden cultivar 400 plantas. Se sugiere una densidad de población de 2,000 plantas ha^{-1} para obtener un rendimiento de 100 $t\ ha^{-1}$ de piñas de agave y 8,000 hijuelos (Castro, 2007).

Cuadro 4. Densidades y distancias de plantación de agave

Distancias (m)	Plantas ha^{-1}
2.00 × 2.50	2000
2.00 × 2.00	2500
2.00 × 3.00	1667
5.00 × 5.00	400
3.00 ×3.00	1,111
1.50 × 1.50	4,444

Fuente: Castro (2007)

7.3 Método de plantación

La plantación se sugiere realizarla a tresbolillo (Figura 6), siguiendo las curvas de nivel para evitar erosión en terrenos con mucha pendiente, Las distancias entre plantas e hileras pueden ser de 1.8 a 2 m, con lo cual se tendrá una densidad de 3,000 a 2,500 plantas ha^{-1}, respectivamente. Sin embargo, se puede disminuir la distancia entre plantas y aumentarla entre hileras simulando un triángulo isósceles, para que en los primeros años de la plantación, se puedan sembrar cultivos anuales entre las hileras. En plantaciones comerciales intensivas de agave de hoja angosta, se acorta la distancia entre plantas a un poco más de un metro, pero manteniendo los 2 m entre surcos o hileras, lo cual permite obtener una densidad aproximada de 4,000 plantas ha^{-1}, sin afectar significativamente el rendimiento por planta (Barrios *et al.*, 2006; Figueroa, 2007b).

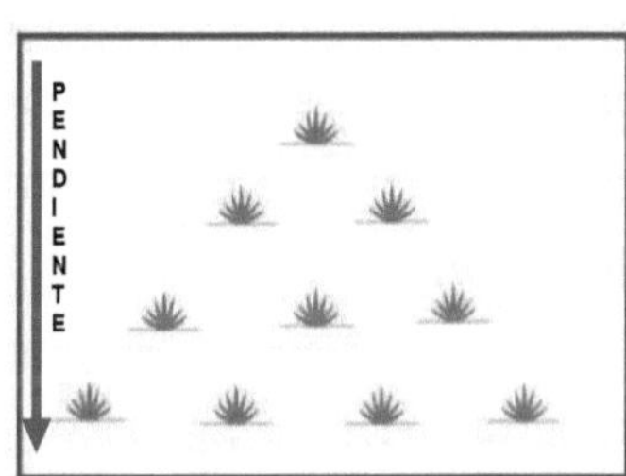

Figura 6. Sistema de plantación tresbolillo (Figueroa, 2007b).

7.4 Época y método de transplante

Debido a que en Guerrero las plantas de maguey sobreviven con el agua de lluvias; es decir no se riegan, se deben trasplantar al inicio de la época de temporal, para que permanezcan más tiempo en contacto con el suelo húmedo, y desarrollen un sistema radical que les permita sobrevivir en la época de sequía. Es recomendable trasplantar entre el 15 de junio y el 30 de julio, cuando la capacidad de campo o las condiciones de humedad estén en su punto (Figueroa, 2007).

La plántula, hijuelo, macuate o "magueyito" está apto para transplantarse cuando tiene de 20 a 30 *cm* de altura y/o pesa 750 *g*; se extrae la planta con todo y cepellón, cuidando de no dañar la raíz o rizoma y se transplanta en suelo húmedo. La planta se trasplanta enterrando las 2 terceras partes de la piña, se aprieta ligeramente la tierra para dar soporte en el fondo del surco o en la cepa, según se haya hecho la preparación del terreno (Castro, 2007; Figueroa, 2007a).

7.5 Aplicación de materia orgánica

Además de la fertilización química, se recomienda aplicar abono orgánico, el cual mejora las propiedades físicas, químicas y microbiológicas del suelo y contribuye a disminuir la erosión. Es conveniente usar 1.5 *kg* de estiércol bovino por planta anualmente (Barrios *et al.*, 2007).

La incorporación de materia orgánica al suelo puede realizarse a base de estiércoles de bovino o caprino; o bien, del mismo bagazo de agave seco que se produce como esquilmo en la fábrica. Se pueden aplicar de 1.5 a 3 *t ha⁻¹*, en dosis de 0.5 a *1 kg* planta⁻¹ de todas las edades, cada dos meses durante la temporada de lluvias (Figueroa, 2007a).

Cuadro 5. Nutrimentos extraídos por el agave

Nutrimento	Cantidad (kg ha⁻¹)
N	284
P_2O_5	108
K_2O	614
Mg	84
Ca	780

Fuente: Chirinos, citado por Barrios *et al.* (2006)

7.6 Fertilización edáfica

Para el desarrollo de la planta de agave, se requieren que estén disponibles macronutrimentos esenciales (Cuadro 5), que deben estar presentes en niveles óptimos en los tejidos vegetales (Cuadro 6). Para prevenir deficiencias, es necesario fertilizar, al maguey ancho "papalote" (*A. cupreata* Trel.), durante los 4 primeros años, con el tratamiento 60-60-60 (N-P_2O_5-K_2O); después, se utiliza 80-80-80 (Cuadro 7). El fertilizante se aplica al inicio del temporal, mateado, a 20-30 *cm* de la base del agave y en la parte superior de la pendiente (Figueroa, 2007a).

Cuadro 6. Niveles normales de nutrimentos contenidos en una planta de agave bien nutrida

Macronutrimentos	(%)	Micronutrimentos	(ppm)
N	1.50 - 3.50	Fe	50-200
P	0.10 - 0.20	Mn	30-100
K	1.80 - 3.00	Cu	08-20
Ca	3.00 - 4.00	Zn	15-50
Mg	0.50 - 1.00	B	20-80
S	0.10 - 0.25		

Fuente: Chirinos, citado por Barrios *et al.* (2006).

Cuadro 7. Dosis y fuentes de fertilización para el agave ancho "papalote"

Edad del agave	Tratamiento N - P_2O_5 - K_2O	Forma de aplicar las dosis			
		Combinados			Mezcla comercial
		Urea	SFCT*	Cloruro de potasio	Triple 17
1 - 4 años	60-60-60	130 *kg ha*$^{-1}$	130 *kg ha*$^{-1}$	100 *kg ha*$^{-1}$	-
		52 *g* planta^{-1}	52 *g* planta^{-1}	40 *g* planta^{-1}	-
		-	-	-	350 *kg ha*$^{-1}$
		-	-	-	140 *g* planta^{-1}
>4 años	80-80-80	174 *kg ha*$^{-1}$	174 *kg ha*$^{-1}$	133 *kg ha*$^{-1}$	-
		70 *g* planta^{-1}	70 *g* planta^{-1}	53 *g* planta^{-1}	-
		-	-	-	475 *kg ha*$^{-1}$
		-	-	-	190 *g* planta^{-1}

Fuente: Adaptado de Barrios *et al.* (2007).   *SFCT= Super Fosfato de Calcio Triple

7.7 Control de malezas

La infestación de malezas en las plantaciones de agave, es un problema que debe resolverse, porque influye adversamente en la productividad y rentabilidad; por esta razón, este tema se describe con mayor detalle, en el capítulo VIII.

7.8 Poda de hojas e hijuelos

Se realiza la eliminación de hojas secas o afectadas por ataques de plagas y enfermedades y se entierran o sacan, para evitar la posible contaminación de la plantación. Asimismo, se eliminan las plantas muertas (Figueroa, 2007a).

El agave de hoja ancha (*A. potatorum* Zucc.) no emite hijuelos y se reproduce sólo por semilla; pero la especie *A. angustofilia* Haw. produce vástagos desde la base del tallo y alrededor de la planta madre; los cuales, si no se eliminan, provocan la disminución del desarrollo y hasta la muerte de la planta adulta. Esta labor cultural se lleva a cabo a los 3 años después del transplante, cuando tiene 40 *cm* o más de altura. El hijuelo se corta con una barreta, procurando no lastimarlo, porque se utiliza como material propagativo para reponer fallas, replantar áreas despobladas o establecer nuevas plantaciones (Figueroa, 2007a).

7.9 Problemas fitosanitarios

El agave enfrenta el ataque de diversas plagas y enfermedades, que afectan el desarrollo y producción de la planta, así como la calidad de la piña; por la importancia de estos factores adversos, se tratan con más amplitud en los capítulos IX y X, respectivamente.

7.10 Poda, desquiotado o capado

La planta alcanza la madurez aproximadamente a los 7 *años* después del trasplante; entonces, emite un escapo floral mejor conocido como quiote o *calehual*. La mayoría de los productores cosechan las plantas un poco antes de la aparición del quiote y otros prefieren esperar que emerja para cortarlo con un machete bien afilado, a 50 *cm* de altura de la base y se cosechan las plantas un año después de la poda.

7.11 Selección de plantas maduras

Las plantas para la elaboración de mezcal deben tener aproximadamente 7 *años* de edad; porque si se cortan las piñas inmaduras (tiernas), se obtiene una producción muy baja de mezcal. Los productores seleccionan las piñas no cultivadas o "silvestres", en forma empírica, se basan en los indicadores siguientes: La piña debe tener pencas bien llenas, éstas deben estar "abiertas" casi rectas" y el cogollo debe verse bien delgado ("maguey velilla") por haber cesado la emisión de hojas. Las plantas podadas o desquiotadas se cosechen un año después [Comunicación personal del productor Luis Figueroa Ocampo (2007), representante del grupo "Mezcal de la Minilla"].

Figura 7. Piñas de agave (Castro, 2007)

7.12 La jima o cosecha

Se podan todas las hojas, se destronca o corta de la raíz la planta y se rapa hasta eliminar casi totalmente el color verde. La piña formada se ve casi blanca (Figura 7). Esta actividad se puede realizar con tarecua machete recto y hacha muy afilada.

La planta jimada se convierte en la piña de agave (corazón del maguey), que es una bola esferoide que, a veces, rebasa los 150 kg (Figura 7) en su punto de madurez fisiológica; aunque las más frecuentes pesan de 20 a 60 kg, cuando tienen de 6 a 7 *años* de edad. Las características deseables de la piña son: buen tamaño, sanidad, peso y porte, y estar libre de plagas y enfermedades (Castro, 2007).

5.13. Acarreo

Las piñas jimadas se acarrean al palenque o fabrica de mezcal (Figura 8), en animales de carga (machos, mulas, caballos, burros, etc.) o camionetas, dependiendo de la situación económica del productor y de la disponibilidad de vías de comunicación.

Figua 8. Transporte de las piñas en burro (Figueroa, 2007a)

VIII. LAS MALEZAS

En las plantaciones de agave, la infestación por malezas es un factor de producción indeseable, porque repercute adversamente en el crecimiento, desarrollo y rendimiento de la planta; además, favorece la incidencia de plagas y enfermedades y dificulta el jimado del tallo y la cosecha de las piñas. Por esto, se debe mantener limpio el terreno durante todo el ciclo de cultivo (Figueroa, 2007a). En plantaciones intensivas se pueden combatir mediante labores mecanizadas (yunta o tractor) y manuales (chapeos, escardas, etc.); también existe el método biológico, a través del uso de coberturas vegetales con leguminosas (*Arachis pintoi*, *Mucura* sp., *Crotalaria longirostrata* y *Clitoria* sp (Rivas *et al.*, 2006) y por medio del pastoreo de ganado bovino en plantaciones de más de 5 años de edad; además, tiene interés creciente, la utilización de herbicidas preferentemente desecantes (*paraquat*) o sistémicos que no tengan actividad en el suelo, en aplicaciones dirigidas a la maleza, como *glufosinato de amonio* (2 a 4 $L\ ha^{-1}$) y el *glifosato* (2.5 a 3.0 $L\ ha^{-1}$ de producto comercial) (Arredondo y Espinosa, 2005; Barrios *et al.*, 2006).

De acuerdo con estudios realizados por Figueroa (2007a), las parcelas de agave mezcalero son infestadas por malezas de hojas ancha y angosta (zacates), tales como las que se mencionan en el Cuadro 8.

El control químico preemergente y postemergente de malezas, es cada vez más utilizado, porque resulta efectivo a corto plazo y contribuye a disminuir los costos de producción. Los herbicidas recomendados para las plantaciones de agave mezcalero, se mencionan en el Cuadro 9.

De acuerdo los resultados obtenidos por Figueroa (2007a), en agave mezcalero de hoja ancha "papalote", se recomiendan los herbicidas FINALE (*glufosinato de amonio*) o GRAMOCIL (*paraquat* + *diuron*) a dosis de 3 Lha^{-1} haciendo las aplicaciones en forma dirigida a la maleza evitando mojar al agave.

Cuadro 8. Principales familias y especies de malezas que infestan al cultivo de agaves en Guerrero

Familia	Nombre científico	Ciclo	Nombre común
Asteraceae	*Tithonia tubaeformis* (Jacq.) Cass.	Anual	Acahual*
Poaceae	*Leptochloa filiformis* (Lam.) Beauv.	Anual	Zacate plumilla**
Asteraceae	*Melampodium divaricatum* (L. Rich. Exp. Pers)	Anual	Rosa amarilla*
Asteraceae	*Bidens pilosa* L.	Anual	Aceitilla*
Convolvulaceae	*Ipomoea* spp	Anual	Campanita*
Fabaceae	*Rhyncosia minima* (L.) DC	Anual-perene	Frijolillo*
Asteraceae	*Eclipta alba* (L.) Hasskarl	Anual-perene	Hierba blanca*
Asteraceae	*Sanvitalia procumbens* Lam.	Anual	Ojo de perico*
Euphorbiceae	*Euphorbia heterophylla* L.	Anual	Lechón*
Amaranthaceae	*Amaranthus spinosus* L.	Anual	Quelite espinoso*
Amaranthaceae	*Amaranthus hybridus* L.	Anual	Quelite*
Euphorbiceae	*Euphorbia hirta* L.	Anual	Golondrina*
Poaceae	*Cenchrus echinatus* L.	Anual	Zacate huizapol**
Fabaceae	*Crotalaria* spp	Anual	Chipil*
Fabaceae	*Chamaecrysta aeschynomene* (DC) Gre.	Anual	Tamarindillo*
Fabaceae	*Acacia aff. farnesiana* (L.) Willd.	Perene	Huizache*
Solanaceae	*Solanum rostratum* Dun	Anual	Duraznillo*
Nyctaginaceae	*Boerhavia erecta* L.	Anual	Maravillita*
Fabaceae	*Desmodium tortuosum* (Wartz)DC	Anual	Pegajoso*
Portulaceae	*Potulaca oleracea* L.	Anual	Verdolaga*
Zygophyllaceae	*Kalstrtroemia maxima* (L.) Torr & gray	Anual	Verdolaga de marrano*
Papaveraceae	*Argemone mexicana* L.	Anual	Chicalote*

Fuente: Figueroa, 2007a   * Dicotiledóneas   ** Monocotiledóneas

Cuadro 9. Herbicidas recomendados para el cultivo de agave

Nombre comercial	Ingrediente activo	Casa comercial	Dosis *ha⁻¹*	Concn. g.i.a.	Época de aplicación y modo de acción
BALAM	*glifosato*	United Phosphorus de Mexico	1-8 *L*	360	*Se aplican en presiembra y en postemergencia a la maleza. Tienen acción total, son sistémicos y no selectivos*
FAENA®		MONSANTO	4-6 *L*	356	
FAENA ULTRA		MONSANTO	1-2 *kg*	680	
GLYFOS		CHEMINOVA	1-6 *L*	360	
HELFOSAT		HELM	3-4 *L*	360	
POTRO®		DU PONT	4-8 *kg*	356	
VELFOSATO/TAREA		VELSIMEX	1-2 *L*	360	
RIVAL®		MONSANTO	1-2 *kg*	680	
SANFOSATO 360*		DOW AGRO	1-2 *L*	360	
BORAL 480 SC	*sulfentrazone*	FMC	1.25-1.75 *L*	480	*Preemergencia y postemergencia temprana a la maleza. Es de contacto*
COMBINE* 500SC	*tebuthiuron*	DOW AGRO	2.5-3 *L*	500	*Preemergencia y postemergencia temprana a la maleza. Es selectivo*
FINALE	*glufosinato de amonio*	BAYER	2-4 *L*	150	*Postemergencia a la maleza. Actúa por contacto, no es selectivo.*
KROVAR® 1 D.F.	*bromacil + diuron*	DU PONT	3-4 *kg*	400 / 400	*Preemergencia y postemergencia temprana a la maleza. No es selectivo*
SELECT ULTRA	*cletodim*	Arysta LifeScience	1.5 *L*	118	*Postemergencia a la maleza. Es sistémico contra zacates*
URAGAN 80 PH	*bromacil*	KOOR	1-2 *L*	800	*Postemergencia a la maleza y es sistémico.*
URAGAN 80 WDG			1-2 *kg*		
GRAMOCIL	*paraquat + diuron*	Syngenta	1.5-3 *L*		*Post y preemergencia a la maleza. Actúa por contact. No es selectivo.*

Fuentes: Thomson (2006); Syngenta (2007); Figueroa (2007a)

En plantaciones establecidas en algunas localidades de la región norte de Guerrero, Figueroa (2007a) identificó las especies de malezas ilustradas en la Figura 9.

Figura 9. Especies de malezas identificadas en plantaciones de agave establecidas en la región norte de Guerrero (Figueroa, 2007a)

IX. PLAGAS

El agave-mezcal cultivado en sistemas de producción intensivo, enfrenta problemas de ataque de insectos plaga, que afectan el desarrollo de la planta y la calidad de la piña. Entre las más importantes, de acuerdo con Arredondo y Espinosa (2005); Espinosa *et al.* (2006) y Figueroa (2006), destacan las que se describen detalladamente a continuación.

9.1 Picudo del agave *Scyphophorus interstitialis* Gylh.; (=*S. acupunctatus* Gylh.)

- *Importancia económica*. Se considera la principal plaga en las plantaciones de agave en Oaxaca; afecta a las plantas en cualesquiera de las etapas fenológicas; provoca decrementos en la producción y calidad de la materia prima (Arredondo y Espinosa, 2005).

Cuadro 10. Taxonomía del picudo del agave

Reino:	Animalia
División	Arthropoda
Clase:	Insecta
Orden:	Coleóptero
Suborden:	Polyphaga
Superfamilia:	Curculionoidea
Familia:	Curculionidae
Género:	*Scyphophorus*
Especie:	*Interstitialis* =*acupunctatus* Gylh
Nombre científico:	*Scyphophorus interstitialis* Gylh *S. acupunctatus* Gylh

Fuente: Espinosa *et al.*(2005)

- *Distribución geográfica.* Se ha reportado en poblaciones silvestres y cultivos establecidos en: Oaxaca, Guerrero, Durango, Zacatecas, San Luis Potosí y Guanajuato (Arredondo y Espinosa, 2005).

- *Taxonomía*. Este coleóptero presenta la posición taxonómica indicada en el Cuadro 10.

- *Descripción morfológica*. Los estadios adulto y larva presentan las carcterísticas siguientes:

Adulto. El picudo mide 280 *mm* de longitud, incluyendo el distintivo pico alargado, que emplea para barrenar la superficie de los tejidos afectados.

Es negro y no tiene alas funcionales; pero puede desplazarse rápidamente (Anónimo, 2006d).

<u>Larva</u>. Es blanca; mide 1 *cm* de diámetro y 5 *cm* de largo (Anónimo, 2006d).

- *Ciclo biológico*. Requiere casi de 1 *año*; los estadios de adulto, huevecillo, larva y pupa se desarrollan en períodos respectivos de: 8 *meses*; de 3 a 8; 108 y de 12 a 16 *días*. Para complementar su ciclo necesita alrededor de 135 *días,* a 27 *°C* y de 2,295 *unidades calor* (UC); presenta de 1 a 2.7 generaciones por año. Las mayores poblaciones del insecto se desarrollan durante periodos de altas precipitaciones; asimismo, a menor altura y mayor temperatura, ocurren los daños más severos, y viceversa (Espinosa *et al.*, 2005).

- *Hábitos y daños*. Las infestaciones más graves se presentan durante el temporal. Aunque la plaga puede afectar a las plantas en cualquier fase fenológica; prefiere las piñas adultas ($\geq$ 4 *años* de edad); pero también se ha encontrado dañando plantas jóvenes cultivadas en vivero. La hembra oviposita en heridas o la base de las hojas más viejas del tallo; en donde provoca perforaciones elípticas de 3 a 10 *cm* de longitud; las cuales se pueden notar como agujeros en espiral sobre la superficie de las hojas cuando éstas se desenvuelven del cogollo. El adulto y la larva se encuentran en la base de las pencas, el mesontle y la raíz. Los tejidos dañados son más susceptibles a las pudriciones fungosas o bacterianas; que invaden los túneles hechos por las larvas, que se alimentan de la piña por medio su poderoso aparato bucal. Las plantas minadas se doblen y mueren; por lo tanto, disminuye la producción de piñas *ha^{-1}* y éstas pierden calidad (Arredondo y Espinosa, 2005; Espinosa *et al.*, 2005).

Control integrado. Entre las estrategias para disminuir los daños por esta plaga, Espinosa *et al.* (2005). recomiendan:

- Cortar y quemar las plantas afectadas.

- Controlar las malezas.

- Cosechar oportunamente las plantas que alcancen la madurez.

- En temporada de lluvias, realizar trampeos de adultos utilizando atrayentes naturales (pencas de maguey) con insecticida *paration metilico* (Folidol) a dosis de 1 *mL* en 1 *L* de agua, que alcanza para preparar 5 trampas que se colocan en 1 *ha* de cultivo. Se deben cambiar las trampas cada 15 *días*.

Cuadro 11. Taxonomía del escarabajo del agave

Reino:	Animalia
División	Arthropoda
Clase:	Insecta
Orden:	Coleoptera
Familia:	Scarabaeidae
Género:	*Strategus*
Especie:	*aloeus L.*
Nombre científico	*Strategus aloeus* L.

Fuente: Espinosa *et al.*, 2005.

Otros insecticidas efectivos son: Gusation, Basudin, Lorsban 480 EM, Vydate y Lannate. Aunque experimentalmente se ha reportado que Foley, Furadan y Orthene son los más efectivos contra esta plaga. (Espinosa *et al.*, 2005).

- Control biológico. Se ha encontrado que *Bauveria bassiana* a concentraciones de 2.1×10^{10} esporas mL^{-1} provoca el 95.5% de mortalidad del insecto (Espinosa *et al.*, 2005).

9.2 Escarabajo rinoceronte del agave *Strategus aloeus* L.

Importancia económica. Es otra de las plagas de importancia significativa del agave; un insecto es capaz de matar una planta Los niveles de infestación fluctúan de 3 a 70%; puede afectar la disponibilidad y la calidad de materia prima e incrementar los costos de ésta (Espinosa *et al.*, 2005).

<u>*Distribución geográfica*</u>. **Se encuentra ampliamente distribuida en el continente americano; así como en los estados mexicanos que cuentan con poblaciones silvestres o plantaciones de agave (Espinosa *et al.*, 2005).**

<u>*Taxonomía*</u>. **Este insecto presenta la clasificación descrita en el Cuadro 11.**

Figura 10. Características morfológicas de machos y hembra del escarabajo rinoceronte del agave *Strategus aloeus* L. (Anónimo, 2006b).

<u>*Descripción morfológica*</u>. El insecto adulto mide de 5.0 a 6.0 *cm*; es de color negro o marrón oscuro (Figura 10); el macho se distingue por presentar tres protuberancias o cuernos (Anónimo, 2006a).

<u>*Hábitos y daños*</u>. El daño es causado por el adulto, que tiene actividad nocturna todo el año; es atraído por las luces eléctricas cuando inicia la temporada de lluvias; se alimenta de la raíz, tallo (mesontle) y restos de pencas. La hembra oviposita en el suelo o en la piña podrida; emergen las larvas y complementan su ciclo de vida en 2 años.

La plaga causa síntomas de debilitamiento general, cambio de color azul hacia rojizo y púrpura; detención del crecimiento y no se desenvuelven las hojas del cogollo; disminución del desarrollo radical; cogollo inclinado de las plantas moribundas. Los daños son más severos en la planta joven; un insecto es capaz de matarla; las heridas son aberturas para la penetración de hongos o bacterias.

El insecto se introduce en la base de la planta dejando orificios en el suelo de hasta 2 *cm* de diámetro, que son evidencias de la presencia de la plaga; ésta barrena el tallo y luego el cogollo se desprende de la planta. Las larvas se encuentran en el bagazo de la piña (esquilmo), en los meses de septiembre, octubre y noviembre (Arredondo y Espinosa, 2005).

Control integrado. Entre las alternativas que contribuyen a disminuir las poblaciones del insecto, se encuentran:

- Descomponer o compostear rápido el bagazo producto de la elaboración de mezcal, porque sirve como madriguera preferida para la reproducción del insecto. , esto para evitar el desarrollo de larvas.
- Aplicar abonos orgánicos bien descompuestos.
- Eliminar malezas.
- Incorporar al suelo, insecticidas como Azteca y Mocap, a dosis de 12 y 8 $kg\ ha^{-1}$, respectivamente (Aguilar, 2004a y 2004b).

9.3 Escamas *Acutaspis agave*

Importancia económica. Son plagas menos comunes; sin embargo, cuando ocurren en poblaciones altas, succionan la savia, afectan el vigor y disminuyen la cantidad de azúcares de la planta, lo que se traduce en menores rendimientos de la plantación y, por lo tanto, menos ingresos por unidad de superficie (Arredondo y Espinosa, 2005).

Distribución geográfica. No se tiene bien delimitada su distribución geográfica de este insecto, pero puede aparecer eventualmente en la mayoría de los Estados comprendidos dentro de la Denominación de Origen del Mezcal (DOM), se ha reportado principalmente en el Estado de Oaxaca (Espinosa *et al.*, 2005).

Hábitos y daños. El daño es poco frecuente, pero cuando ocurre afecta el vigor de la planta, pues cubren el área de las pencas. Este insecto daña a la planta ya que succiona la savia y sus secreciones dan lugar al desarrollo de la fumagina, hongo que impide la fotosíntesis de la planta y en poblaciones altas provoca el secado de las hojas (Espinosa *et al.*, 2005). Se han observado fuertes ataques en lugares donde se aplican insecticidas muy frecuente para otras plagas, ya que dichos insecticidas eliminan a los insectos que controlan y mantienen las poblaciones de escamas que no causan daños, es decir se eliminan sus enemigos (Espinosa *et al.*, 2005).

Control integrado. Entre las estrategias que contribuyen a disminuir los daños, se encuentran:

- Cortar y quemar las pencas afectadas.
- Hacer aplicaciones de insecticidas.
- Mantener la plantación libre de malezas.
- Intercalar, al menos, dos tipos de maguey, ya que unos son más susceptibles que otros.
- Aplicación de aceites naturales (citrolina) mezclados con agua jabonosa a plantas infectadas.

9.4 Piojo harinoso

Importancia económica. Los daños no son muy fuertes, pero al alimentarse de la savia provoca un debilitamiento a la planta, haciéndole perder vigor y retrasando el crecimiento.

Distribución geográfica. Se encuentra ampliamente distribuido en la mayoría de las zonas con agave mezcalero (Arredondo y Espinosa, 2005).

Hábitos y daños. Esta plaga es frecuente al final de la temporada en plantaciones muy vigorosas. Se encuentra presente en la superficie del cogollo y hojas jóvenes, su daño no es fuerte, aunque puede ser vector de enfermedades. Este insecto está unido a la hoja por una sustancia gomosa amarillenta. El daño que causa se observa como pequeños puntuaciones pálidas en las partes que ataca (Espinosa *et al.*, 2005).

Control integrado. Algunas medidas de control de la plaga son:

Mantener la plantación libre de malezas.

Aplicar insecticidas de contacto.

9.5 Gusano rojo del maguey *Hypopta agavis*

Importancia económica. Este insecto ocasiona daños a las piñas, pero actualmente en los distritos de Tlacolula , Ejutla y algunos otros no se le considera como plaga, puesto que cuando afecta la maguey, los agricultores tienen otra fuente de ingresos, ya que se utiliza para el mezcal con gusano pagado a mayor precio que el normal (Espinosa *et al.*, 2005).

Distribución geográfica. Se encuentra ampliamente distribuido en las regiones productoras de maguey mezcalero, principalmente en el Estado de Oaxaca (Arredondo y Espinosa, 2005).

Cuadro 12. Taxonomía del gusano rojo del maguey

Reino:	Animalia
División	Arthropoda
Clase:	Insecta
Orden:	Lepidoptera
Familia:	Cossidae
Género:	*Hypopta*
Especie:	*agavis*
Nombre científico:	*Hypopta agavis*

Fuente: Arredondo y Espinosa (2 005)

Taxonomía. Se presenta en el Cuadro 12.

Hábitos y daños. El adulto oviposita en las pencas cercanas a la base del cogollo, al emerger las larvas inmediatamente empiezan a barrenar el tallo o mesontle del maguey, siendo más severos los daños en plantas jóvenes (Espinosa *et al.*, 2005).

Control integrado. Debido a que este gusano es muy apreciado para condimento del mezcal no se realizan labores para controlarlo, debido a que este se recolecta de las piñas y representa otra fuente de ingresos al productor, es decir el control es biológico (Espinosa *et al.*, 2005).

9.6 Chapulines *Melanoplus* sp., *Shenarium* sp. y *Brachystola* sp.

📖 *Importancia económica*. No se han reportado daños de importancia económica, pero es muy importante considerarla debido a que se ha observado causando daños muy severos en el Estado de Guerrero en maguey de hoja angosta, pero también afecta el de hoja ancha.

📖 *Distribución geográfica*. Se encuentra en la mayoría del territorio de los Estados Unidos Mexicanos, pero solo afecta este cultivo cuando su poblaciones muy alta.

📖 *Taxonomía*. Se presenta en el Cuadro 13.

📖 *Descripción morfológica*. La *hembra* oviposita en el suelo, dentro de la ooteca, que es una vaina curva de 2.5 a 3.75 *cm* de largo, que envuelve y protege de 30 a100 *huevecillos*. Éstos son de color crema, de forma alargada (Díaz, 2004; Anónimo, 2006c).

Cuadro 13. Taxonomía del chapulín

Reino:	Animalia
División	Arthropoda
Clase:	Insecta
Orden:	Orthoptera
Familia:	Acrididae
Género:	*Melanoplus* *Shenarium* *Brachystola*
Especie:	Diversas

Fuente: Díaz (2004)

La *ninfa* es similar al adulto; pero más pequeña; al nacer está cubierta por una membrana vitelina o translúcida (falsa muda), que abandona cuando se desliza hacia la superficie del suelo (Díaz, 2004). El adulto posee antenas cortas, tarsos de 3 segmento; mide 2.5 *cm* de longitud; es de colores variables de verde a gris (Díaz, 2004).

📖 *Ciclo biológico*. El adulto y huevecillo tardan varios meses (Figura 11). La ninfa, 30 días (5 a 6 instar). Se producen de 1 a 2 generaciones por año (Díaz, 2004).

📖 *Hábitos y daños*. El chapulín ataca tanto plantas de hoja angosta como de hoja ancha, el daño lo ocasiona raspando al inicio los bordes de las pencas y cuando la población es muy alta destruye casi por completo las pencas, dejando sólo la parte central de la penca.

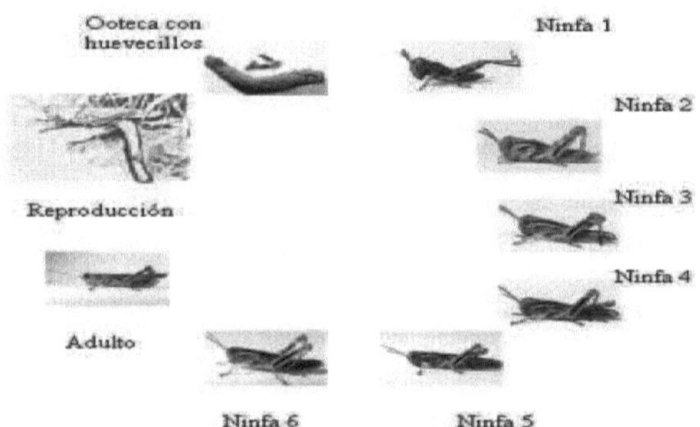

Figura 11. Ciclo biológico del Chapulín *Melanoplus* sp. (Anónimo, 2006c).

Control integrado. Las medidas que ayudan a disminuir los daños son:

- ✓ Control químico con insecticidas como *clorpirifos etil* (Lorsban 480 EM), *malation* (Malathion), *metamidofos* (Tamaron), etc.
- ✓ Control de malezas

9.7 Gallina ciega (*Phyllophaga, Macrodactylus, Euetheola, Cyclocephala y Anomala*.

Importancia. Es un complejo de larvas de varias especies de escarbajos que causan daños graves al maíz y sorgo, porque se alimentan de las raíces de anclaje y absorbentes.

Distribución. Se encuentra en todas las zonas productoras de agave, principalmente: Oaxaca, Chiapas, Durango, guerrero, Tamaulipas y Guanajuato (Bayer, 2005).

Descripción. El adulto, de colores café claro a obscuro (Figura 12), oviposita en el suelo, durante las lluvias. La larva, desde que emerge, se alimenta de las raíces durante toda su vida; pupa en un cocon de tierra y se transforma en escarabajo adulto para aparearse y ovipositar (Bayer, 2005).

35

 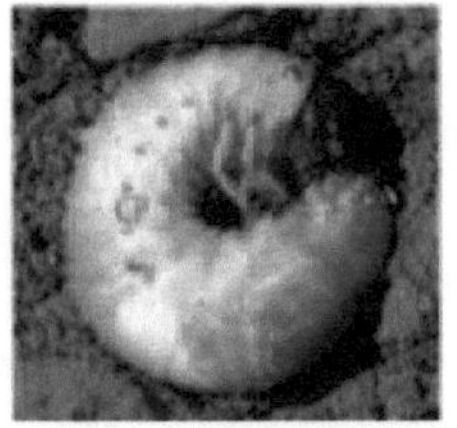 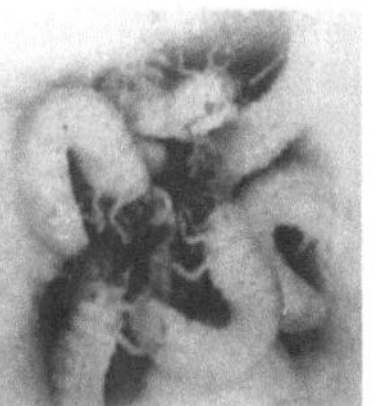

adulto   larva   larvas

Figura 12. Insecto adulto y larvas de gallina ciega (*Phyllophaga, Macrodactylus, Euetheola, Cyclocephala y Anomala.* (Bayer, 2005).

Ciclo biológico. Éste se completa en uno o dos años, según la especie; presenta las etapas ilustradas en la Figura 13.

Clasificación. Se presenta en el Cuadro 14.

Daños. Los más importantes son:

Cuadro 14. Taxonomía de la gallina ciega

Reino:	Animalia
División	Arthropoda
Clase:	Insecta
Orden:	Coleptera
Familia:	Melolonthidae Rutelidae
Género:	*Phyllophaga* *Macrodactylus* *Euetheola* *Cyclocephala* *Anomala*
Especie:	Diversas

Fuente: Bayer (2005)

- Muerte de plantas pequeñas.

- Crecimiento raquítico de las plantas afectadas.

- Disminución del rendimiento y calidad.

Control. Se recomiendan las alternativas de:

- Realizar el control eficiente de malezas.

- Tratar la raíz de las plantas antes del transplante.

- Incorporar alrededor de la base del tallo, insecticidas contra plagas del suelo, como *carbofuran* (Furadan), *terbufos* (Counter), *tebupirimphos* (Azteca), *clothianidin* (Poncho), etc. Para el control de esta plaga, Aguilar (2004[a] y 2004b) encontró que las dosis adecuadas de los insecticidas Azteca y Mocap son de 12 y 8 kg ha^{-1}, respectivamente.

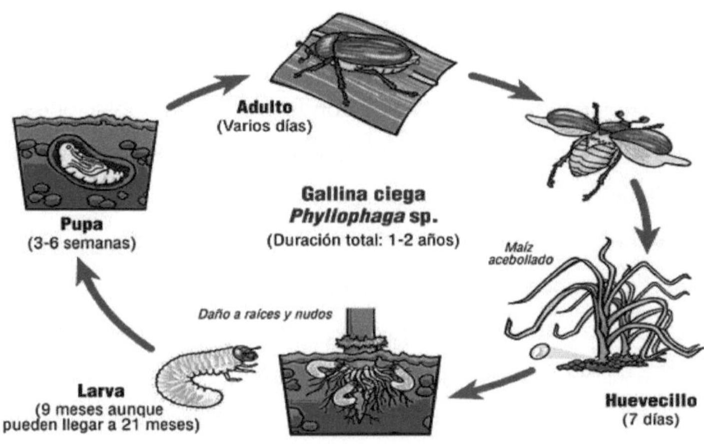

Figura 13. Ciclo biológico de la gallina ciega (Bayer, 2005).

9.7 Otras plagas

Además de las plagas antes descritas existen otras de menor importancia como algunos roedores como el conejo y la rata de campo (Figura 14). Los roedores en época de sequía trozan las piñas de plantas tiernas para tomar la savia.

Figura 14. Adultos de rata y conejo de campo (Figueroa, 2006).

37

X. ENFERMEDADES

En los nichos ecológicos naturales donde prosperan poblaciones silvestres de agave mezcalero, propias de las entidades distinguidas con la denominación de origen (Figura 2); la producción de mezcal es una actividad de gran importancia económica, porque es fuente de empleo para la población de comunidades, en donde es difícil establecer otros cultivos generadores de derrama económica. Aunque el agave es una planta dotada de rusticidad y adaptabilidad a clima y suelo marginales; a medida que se ha domesticado e introducido a sistemas de producción intensivos y tecnificados, ha comenzado a sufrir el ataque de diversas enfermedades, sobre todo, causadas por hongos y bacterias, que la afectan en cualquier etapa fenológica de su ciclo biológico; por esta razón, es conveniente, en el presente capítulo, describir con mayor detalle, estos problemas fitosanitarios, que deben difundirse entre los técnicos y productores, con el propósito de conocerlas mejor y aprender a realizar un manejo agronómico eficiente y disminuir los daños económicos en las plantaciones. Por el impacto adverso en la rentabilidad del cultivo, se describen detalladamente, en el presente capítulo.

10.1 Punta seca *Fusarium oxysporum*

◉ *Importancia económica*. Es una enfermedad frecuente en las plantaciones comerciales de agave espadín (Figura 15); afecta el desarrollo de la planta y la calidad de las piñas (Espinosa *et al.*, 2005).

Figura 15. Punta seca por *F. oxysporum* Schl. (Espinosa *et al.*, 2005)

◉ *Distribución geográfica*. Aunque es muy común en el cultivo de agave, la incidencia y severidad de

38

esta enfermedad, es variable en cada región productora (Espinosa *et al.*, 2005).

🔲 *Sintomatología*. En la parte inferior de la espina apical de las hojas basales o senescentes, se desarrolla una lesión irregular, de coloración café oscura a negra, que en condiciones óptimas de temperatura y humedad relativa, avanza hacia la base de la hoja, y se necrosa parcial o totalmente el tejido infectado (Figura 13), que adquiere una consistencia seca y dura de color café oscuro o negro. El patógeno también puede invadir las hojas intermedias y superiores; sobre todo, cuando prevalecen días nublados con llovizna, que son condiciones óptimas para que la enfermedad se torne más severa e induzca la deshidratación y enrollamiento hacia el envés de toda la hoja, tanto en plantas jóvenes como en las adultas (Espinosa *et al.*, 2005).

🔲 *Diagnostico*. Se realizan inspecciones para localizar los síntomas descritos; se toman muestras del tejido enfermo; se preparan cámaras

Cuadro 15. Taxonomía de *Fusarium*

Reino	Fungi
División	Deuteromycota
Clase	Hyphomycetes
Orden	Moniliales
Familia	Tuberculariaceae
Género:	*Fusarium*
Especie:	*oxysporum*
Nombre científico:	*Fusarium oxysporum*

Fuente: Noyd (2000).

húmedas en el laboratorio para inducir el crecimiento y esporulación del hongo sobre el tejido afectado; el cual se inspecciona mediante el microscopio estereoscópico, se localizan las esporas del hongo, se prepara un frotis en lactofenol y se observan las características taxonómicas del hongo: micelio septado, esclerocios, macroconidios falcados y septados y microconidios uni o bicelulares; puede producirse masas de conidios es acérvulos de pigmentación rosada, salmón o amarillenta (Sergio Ayvar Serna, comunicación personal, 2009).

◙ *Taxonomía*. Este patógeno tiene la ubicación taxonómica, indicada en el Cuadro 15.

◙ *Epidemiología*. Las condiciones óptimas para el desarrollo del patógeno son: temperaturas de 12 a 28°C, con óptima de 20°C; alta humedad relativa, días cortos, nublados, de baja intensidad lumínica, suelos con bajo *pH*, pobres en N e incidencia de malezas (Espinosa *et al.*, 2005).

◙ *Incidencia y severidad*. En las regiones productoras de agave, puede haber de 10 a 15% de incidencia y de 15 a 25% de severidad, en plantaciones en pleno desarrollo vegetativo ($\leq$ 18 *meses* de edad); o que estén muy infestadas por malezas (Espinosa *et al.*, 20005).

◙ *Daños económicos*. La incidencia de la enfermedad implica el incremento en los costos de producción, por las prácticas realizadas para combatirla. Asimismo, se afecta la productividad del cultivo; la calidad de las piñas (materia prima) y la rentabilidad de esta actividad económica (Espinosa *et al.*, 2005).

◙ *Control integrado*. Entre las prácticas que coadyuvan a disminuir los daños, de acuerdo con Espinosa *et al.*, (2005), están:

⚘ Usar hijuelos sanos.

⚘ Mantener el cultivo libre de malezas.

⚘ Podar las hojas infectadas.

⚘ Hacer aplicaciones preventivas de fungicidas: *captan* (Captan), *mancozeb* (Manzate), *tiofanato metílico* (Cercobin), *zineb* (Zineb) y otros (Thompson, 2006).

10.2 Secazón (complejo de *Fusarium oxysporum* + *Erwinia* sp.)

Importancia económica. Es endémica en las grandes áreas con agaves cultivado o silvestre; provoca la muerte de la planta infectada (Espinosa *et al*., 2005).

Distribución geográfica. Se encuentra distribuida en las regiones productoras de agave mezcalero (Figura 2. Arredondo y Espinosa, 2005).

Sintomatología. Se caracteriza por la formación de lesiones pequeñas, irregulares, amarillentas, que se extienden gradualmente por toda la hoja e invaden a la piña; sobre todo, cuando existen condiciones favorables de alta humedad relativa (> 60%) y temperaturas diurnas de 24 a 28°C); las lesiones viejas se tornan de color café oscuro y de consistencia seca y flácida, que inducen el doblamiento y muerte de la hoja infectada En plantas recién trasplantadas (4 a 12 *meses*), se pueden notar hojas dobladas y secas; pero en las de más de 3 años de edad, pueden tener el tallo (piña) con infección severa, que a veces causa la muerte (Espinosa *et al*., 2005).

Diagnóstico. En el campo se identifican plantas con los síntomas descritos de la enfermedad; el tejido puede mostrar pudrición suave con exudados bacterianos. En el laboratorio se preparan cámaras húmedas para favorecer el desarrollo de los agentes patógenos, cuyas características taxonómicas pueden observarse mediante los microscopios estereoscópico y compuesto (Sergio Ayvar Serna, comunicación personal, 2009).

Taxonomía. Los agentes patógenos asociados con los síntomas de la enfermedad presentan la clasificación indicada en el Cuadro 16.

Cuadro 16. Taxonomía de los patógenos asociados con la secazón del agave

Categoría.:	Hongo	Bacteria
Reino	Fungi	Proteobacteria
División	Deuteromycota	-
Clase	Hyphomycetes	Zymobacteria
Orden	Moniliales	Enterobacteriales
Familia	Tuberculariaceae	Enterobacteriacea
Género:	*Fusarium*	*Erwinia*
Especie:	*oxysporum*	sp.
Nombre científico:	*Fusarium oxysporum*	*Erwinia* sp
Fuentes:	Noyd (2000); Anónimo (2006e)	CAB INTERNATIONAL (2000)

Epidemiología. La enfermedad es más severa cuando prevalecen condiciones ambientales de: días nublados o con llovizna seguidos de días calurosos; daños del picudo *Scyphophorus interstitialis* Gylh., el cual forma galerías que sirven como puertas de entrada de la bacteria *Erwinia* sp., que induce alteraciones fisiológicas y bioquímicas del agave, que lo predisponen al ataque del hongo *F. oxysporum* (Espinosa *et al.*, 2005).

Incidencia y severidad. Los niveles de incidencia varían del 1 a 6%; pero la severidad puede oscilar de 25 al 75%; en plantaciones descuidadas, de 3 años (Espinosa *et al.*, 2005).

Daños económicos. La enfermedad puede destruir las plantas infectadas, consecuentemente, disminuye la densidad de población y los volúmenes de materia prima (piñas) por unidad de superficie; además, propicia el incremento de los costos de producción y, por lo tanto, disminuyen el ingreso y la utilidad para los productores de agave (Espinosa *et al.*, 2005).

Control integrado. Espinosa *et al.*, (2005) recomienda realizar, en forma conjunta, las prácticas siguientes:

- Uso de hijuelos sanos.

- Mantener el cultivo sin malezas.

- Podar y quemar las hojas enfermas.

- Aspersión foliar de los fungicidas Manzate, Zineb y otros, así como de los bactericidas *estretomicina+oxitetraciclina* (Agri mycin 100), *estretomicina+ oxitetraciclina* + *Sulfato tribásico de cobre* (Intermicin 500), etc.

- Colocar trampas con cebo + insecticida (carbofuran, metomilo, malation, etc.), para controlar al picudo *Scyphophorus interstitialis* Gylh.

10.3 Mancha cebra *Alternaria* sp

- *Importancia económica*. Esta enfermedad es común en la mayoría de las plantaciones comerciales de más de 3 *años* de edad; afecta la economía de los productores, quienes tienen que invertir más dinero en los costos de producción (Arredondo y Espinosa, 2005).

- *Distribución geográfica*. Esta enfermedad se encuentra distribuida en las regiones productoras de agave, principalmente en Oaxaca (Espinosa *et al.*, 2005).

- *Sintomatología*. La mancha cebra es una enfermedad foliar de hojas o pencas; comienza como una lesión circular café, que avanza muy rápido, forma anillos concéntricos (Figura 16), que pueden cubrir toda la hoja; el tejido infectado es de coloración cremosa, con los márgenes café oscuros, que en el periodo de lluvias, se torna de consistencia acartonada a causa de la deshidratación del tejido enfermo (Espinosa *et al.*, 2005).

Diagnóstico. Éste se puede efectuar mediante la identificación visual de plantas con la sintomatología similar a la descrita. Las inspecciones se hacen periódicamente en la plantación (Arredondo y Espinosa, 2005).

Taxonomía. La ubicación taxonómica de este hongo se presenta en el Cuadro 17.

Figura 16. Síntomas de la mancha cebra (*Alternaria*) en hoja de agave (Espinosa *et al.*, 2005).

Epidemiología. Las condiciones óptimas para el desarrollo de la enfermedad, son temperaturas medias diarias de 15 a 20°C, con alta humedad relativa, días nublados y la presencia de lluvias frecuentes (Espinosa *et al.*, 2005).

Incidencia y severidad. Se han reportado incidencia de 9 a 28%, y severidad de 10 y 25% (Espinosa *et al.*, 2005).

Daños económicos. En las plantaciones de 3 *años* de edad, los daños se incrementa cuando prevalecen condiciones ambientales favorables para el patógeno; por esta razón, se tiene que invertir más en los costos de producción (Espinosa *et al.*, 2005).

Cuadro 17. Taxonomía de *Alternaria*

Categoría.:	Hongo	
Reino	Fungi	
División		Deuteromycota
Clase	Hyphomycetes	
Orden	Moniliales	
Familia	Dematiaceae	
Género	*Alternaria*	
Especie	sp.	

Fuentes: Noyd (2000); Espinosa *et al.* (2005)

Control integrado. De acuerdo con Espinosa *et al.*, (2005), pueden contribuir a disminuir los daños, las prácticas siguientes:

- Usar hijuelos sanos.

⚓ Realizar periódicamente visitas a la plantación para ver si se presenta algún síntoma o no.

⚓ Aplicación preventiva de fungicidas.

⚓ Hacer un buen control de malezas

⚓ Podar y quemar hojas enfermas.

10.4 Mancha marginal *Phomopsis* sp.

🌱 *Importancia económica*. La mancha marginal es una de las enfermedades del follaje que con mayor frecuencia ocurre en las plantaciones de maguey mezcalero, el impacto económico está relacionado con la incidencia y severidad de la enfermedad (Espinosa *et al.*, 2005).

🌱 *Distribución geográfica*. Esta enfermedad se encuentra en todas las localidades productoras de mezcal, principalmente en Oaxaca (Figura 2).

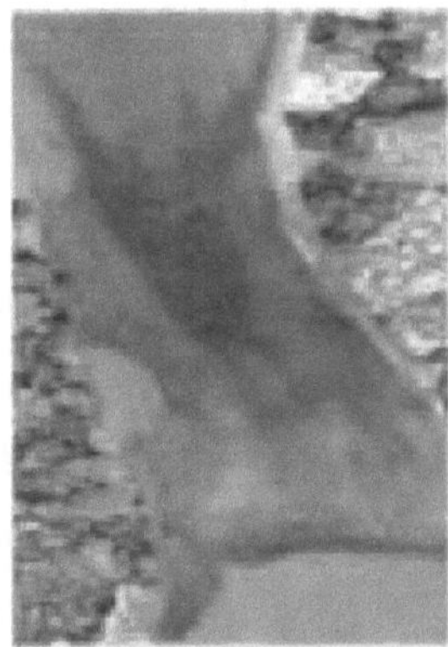

Figura 16. Síntomas de la mancha marginal (*Phomosis* sp.).en hojas de agave (Espinosa *et al.*, 2005)

🌱 *Sintomatología*. La enfermedad comienza con una lesión de color café en la parte marginal de la penca, (de ahí su nombre); se torna de color café oscuro a negruzco (Figura 16); continua creciendo hasta el margen de la espina (Espinosa *et al.*, 2005). En plantas menores de 1 *año* de trasplantadas, es común observar la coalescencia de las manchas marginales; producen el doblamiento de la penca, la cual adquiere una consistencia seca y dura, como si estuviese marchita. La lesión de la mancha marginal presenta una consistencia coriácea y puede ocurrir en cualquier parte de la penca y en cualquier estrato de la planta (Espinosa *et al.*, 2005).

- *Diagnostico*. El diagnostico se puede efectuar en forma visual, realizando visitas periódicas a las plantaciones y en base a los síntomas descritos en el párrafo anterior, determinar la posibilidad de que la planta presente esta enfermedad (Espinosa *et al.*, 2005).

- *Taxonomía*. Este patógeno se encuentra clasificado como se indica en el Cuadro 18.

- *Epidemiología*. Se presentan durante la temporada de lluvias, sobre todo cuando prevalecen temperaturas diarias medias de 20 a 25°C, con alta humedad relativa ($\geq$ 75%), días nublados y alta incidencia de malezas (Espinosa *et al.*, 2005).

- *Incidencia y severidad*. Se han observado incidencia de 20 a 30%, y severidad de 10 a 35%; los mayores niveles son más frecuentes en plantas de 1 a 18 *meses* de edad (Espinosa *et al.*, 2005).

- *Daños económicos*. No se ha determinado el impacto económico de la presencia de esta enfermedad (Espinosa *et al.*, 2005).

- *Control integrado*. Usar hijuelos sanos, buena fertilización, realizar control de malezas oportuno, cortar y quemar pencas enfermas, aplicación de Fungicidas como el Captan (*captan*), Cercobin (*tiofanato metílico*), etc. (Espinosa *et al.*, 2005).

10.5 Mancha bacteriana *Erwinia* sp.

- *Importancia económica*. Se considera la enfermedad de menor importancia económica en las regiones productores agave mezcal (Espinosa *et al.*, 2005).

- *Distribución geográfica*. Es común en todas las regiones productoras de agave, en Guerrero y Oaxaca (Espinosa *et al.*, 2005).

Cuadro 18. Taxonomía de *Phomosis*

Reino	Fungi
División	Deuteromycota
Clase	Coelomycetes
Orden	Sphaeropsidales
Familia	Sphaeopsidaceae
Género	*Phomosis*

Fuente: Noyd (2000).

• *Sintomatología*. La infección comienza como una pequeña lesión (0.5 a 2.0 *cm* de diámetro) de forma circular, color café oscuro y en ocasiones puede

• presentar fluidos, y posteriormente durante la temporada de lluvias, especialmente con temperaturas de 28°C y humedad relativa mayor de 75%, crece en forma irregular. El centro de la lesión café es de consistencia dura y seca; pero la periferia y el halo (amarillento) son suaves, malolientes,

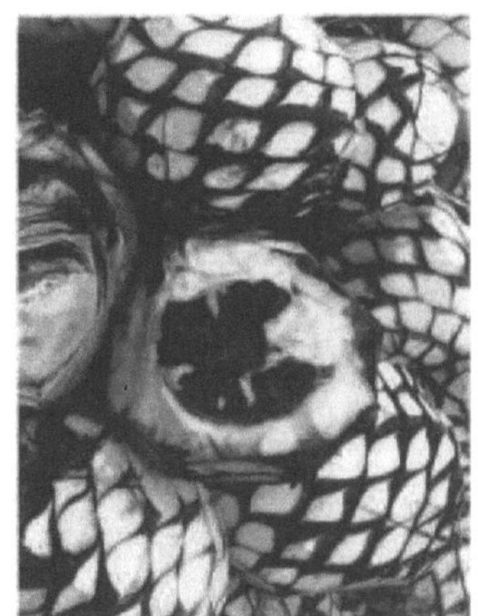

Figura 18. Síntomas de pudrición bacteriana (*Erwinia* sp.) en piñas de agave (Espinosa *et al.*, 2005)

con exudados (pequeñas gotitas) bacterianos. En plantas menores de 1 año de edad, es común observar la unión de las manchas; sin embargo, no afectan más del 30% de la hoja infectada (Espinosa *et al.*, 2005). La pudrición puede ser más severa en el tallo; sobre todo, cuando se combina con el daño por insectos plaga (Figura 18).

• *Taxonomía*. El patógeno tiene la clasificación indicada en el Cuadro 16.

• *Epidemiología*. La enfermedad es más severa en temporada de lluvias, principalmente con temperaturas de 28°C, humedad relativa mayor o igual al 75% y alta incidencia de malezas (Arredondo y Espinosa, 2005).

• *Incidencia y severidad*. Se han determinado incidencia de 3 a 10% y severidad de 5 a 12%. La enfermedad prospera mejor en plantaciones mayores de 3 *años*, con cultivos intercalados de maíz y calabaza (Arredondo y Espinosa, 2005).

- *Daños económicos*. Éstos no son de gran impacto; aunque la presencia de la enfermedad afecta el crecimiento del cultivo y tiende a elevar los costos de producción (Arredondo y Espinosa, 2005).

- *Control integrado*. Arredondo y Espinosa (2005) recomiendan las prácticas siguientes:

  - Utilizar hijuelos sanos.
  - Control oportuno de malezas.
  - Podas fitosanitarias (eliminar pencas infectadas) principalmente las que tienen infectado más del 30%.
  - Aplicar bactericidas a base de *oxitetraciclina*.
  - No eliminar espinas de la planta para no provocar heridas.

10.6 Mancha angular *Fusarium* sp.

- *Importancia económica*. Esta enfermedad afecta la sanidad de la planta y, por lo tanto, detiene el desarrollo y disminuye la calidad de las piñas (Arredondo y Espinosa, 2005).

- *Distribución geográfica*. Esta enfermedad se encuentra ampliamente distribuida en las regiones productoras de maguey mezcalero, principalmente de Oaxaca (Arredondo y Espinosa, 2005).

- *Sintomatología*. La infección del hongo se presenta generalmente en los estratos medio y superior de la planta; en cualquier parte de la penca (Espinosa *et al.*, 2005). Inicia como una pequeña lesión de color amarillo-café y de forma irregular, que al desarrollarse, adquiere una coloración amarilla, rodeada de un halo más claro; luego se torna café oscura a casi negra, de forma y tamaño irregulares; de consistencia seca y dura, por la deshidratación del tejido infectado (Espinosa *et al.*, 2005).

- *Diagnostico*. Éste pude hacerse preliminarmente en forma visual y en base a la sintomatología anteriormente descrita; en caso de requerir un diagnóstico más exacto, se deben analizar muestras de plantas enfermas en el laboratorio, para observar las características taxonómicas del hongo: septación, coloración y forma del micelio, macro y microconidios, presencia de esclerocios y acérvulos (Arredondo y Espinosa, 20005).

- *Taxonomía*. El patógeno presenta la clasificación descrita en el Cuadro 16.
- *Epidemiología*. La mancha angular requiere para su desarrollo: temperaturas de 25 a 28°C y humedad relativa $\geq$ 75% (Arredondo y Espinosa, 20005). Esta enfermedad generalmente se presenta en plantas adultas mayores de 3 *años* (Espinosa *et al.*, 2005).
- *Incidencia y severidad*. Se ha estimado de 3 a 10% de incidencia, pero ésta puede incrementarse en terrenos pobres, con mal manejo agronómico (Espinosa *et al.*, 2005).
- *Daños económicos*. Éstos dependen de los niveles de incidencia y severidad de la enfermedad (Espinosa *et al.*, 2005).
- *Control integrado*. Entre las alternativas para el manejo integrado de la enfermedad, Espinosa *et al.*, (2005) recomiendan las siguientes:
  - Control oportuno de malezas.
  - Hacer revisiones periódicas al cultivo.
  - Realizar aplicaciones preventivas de fungicidas y en caso que esta se presente aplicar fungicidas curativos.
  - Establecer un buen programa de nutrición vegetal para que la planta esté vigorosa.

10.7 Fumagina (*Capnodium* sp.; *Fumago* sp.; etc.)

- *Importancia económica*. Ésta es una de las enfermedades de menor importancia, porque sólo en ataques severos puede causar el retraso del desarrollo de la planta (Espinosa *et al.*, 2005).

- *Distribución geográfica*. Se asocia con el ataque de escamas, que son insectos homópteros picadores succionadores, productores de la mielecilla (azúcares) sobre la que se desarrolla la fumagina, tizne o negrilla (Espinosa *et al.*, 2005).

- *Sintomatología*. Esta enfermedad se desarrolla en pencas afectadas y sobre fluidos de secreciones de las escamas; exhibe un crecimiento micelial de coloración oscura, que posteriormente se torna como una película o costra superficial, de consistencia pulverulenta. En condiciones favorables, el hongo puede infestar toda la penca e incluso toda la planta (Espinosa *et al.*, 2005).

Cuadro 19. Clasificación de *Capnodium*

Género:	*Capnodium*
Reino	Fungi
División	Ascomycota
Clase	Ascomycetes
Order	Dothideales
Familia	Capnodiaceae
Género	*Capnodium*

Fuente: Espinosa *et al.* (2005); CAB INTERNATIONAL (2000)

- *Diagnóstico*. El diagnostico se puede realizar fácilmente de forma visual, poniendo especial atención a plantaciones con presencia de escamas y asociada con la sintomatología antes descrita (Espinosa *et al.*, 2005).

- *Taxonomía*. El hongo tiene la clasificación presentada en el Cuadro 19.

- *Epidemiología*. Esta enfermedad se desarrolla de manera óptima cuando existen abundantes secreciones de escamas y con temperaturas medias diarias de 20 a 25°C, con humedad relativa mayor de 75%, condiciones que se presentan en días nublados en época de lluvias (Espinosa *et al.*, 2005).

- *Incidencia y severidad*. Espinosa *et al.* (2005) reportan que en estudios realizados en Oaxaca, que los niveles de incidencia variaron de 3 a 9%, y de severidad, de 5 a 30%; los cuales tienden a incrementarse en plantaciones con más de 4 *años* de edad.

- *Daños económicos*. Los daños no se han considerado de importancia económica, debido a que en ninguno de los casos muere el hospedante;

pero si sufre un retraso en el crecimiento y el desarrollo; debido a que esta enfermedad afecta la actividad fotosintética (Espinosa *et al.*, 2005).

Control integrado. Hacer un buen control de malezas, realizar aplicaciones foliares de insecticidas para controlar las escamas, aplicar productos fungicidas para prevenir y en caso que se presente aplicar fungicidas a base de cobre (Espinosa *et al.*, 2005).

XI. DESTILACIÓN DEL MEZCAL

El mezcal es el producto obtenido mediante procesamiento artesanal de las piñas de agave. Se envasa y etiqueta con diferentes presentaciones. Para elaborar una buena bebida, es necesario hacer un óptimo balance de la materia prima e ingredientes, para obtener un buen sabor, olor y color agradables al consumidor.

11.1 Transporte y recepción de las piñas

Las piñas jimadas se acarrean al palenque, alambique o fábrica de mezcal; como se había mencionado, en semovientes o en camionetas (Figura 19), dependiendo de la situación económica del productor y de las vías que comunican a la plantación, con el palenque. Para conocer y controlar la calidad de la materia prima, al momento de

Figura 19. Medios transporte de las piñas al palenque (Figueroa, 2007a)

la recepción, se realiza un muestreo para comprobar que las piñas estén maduras, sanas y de buena calidad (Castro, 2007a).

11.2 Cocción

Las piñas se cuecen para romper las cadenas de fructanos y obtener azúcares sencillos, en hornos de pozo revestidos de piedra, donde se agrega leña y sobre ésta se coloca una capa de piedra de río; se enciende fuego a la leña y al término de 4 a 6 *horas*, se colocan las piñas formando un volcán; se tapan con palma verde, costales húmedos o algún otro material regional y se cubren con una capa de 25 *cm* de tierra; después de 5 o más *días*, las piñas cocidas se extraen del horno y son de color café por el cocimiento (Figura 20).

Figura 20. Proceso de cocción de las piñas jimadas (Figueroa, 2007a)

11.3 Despenque

Este proceso consiste en reducir el tamaño de las piñas, partiéndolas con una hacha en pedazos que puedan meterse a la maquina picadora (Figura 21).

11.4 Maceración

Esta operación consiste en moler o triturar las piñas para facilitar el proceso fermentativo; se realiza de varias formas, de acuerdo a la situación económica del productor; en algunas regiones de Guerrero, se lleva a cabo rústicamente en canoas de madera de guamúchil; en donde se colocan los pedazos de piña cocida y se golpean vigorosamente con hachas, mazos de madera, con molinos de piedra tirados por semovientes o con máquinas picadoras. Existen productores muy tecnificados que utilizan maquinaria especializada; pero debido a la precaria situación económica de la mayoría de los productores guerrerenses, lo más frecuente es el uso

Figura 21. Despencado de piñas (Figueroa, 2007a).

Figura 22. Maquina picadora (gasolina 12 Hp) (Figueroa, 2007a)

de máquinas picadoras, que principalmente funcionan con gasolina, dentro de las más usadas tenemos las de 12 Hp (Figura 21); la cual gasta aproximadamente 2 L para moler 1 tina (30 piñas; Figueroa, 2007a).

11.5 Fermentación

El material obtenido de las piñas maceradas, denominado *"bagazo"*; se somete a reposo por 2 o más *días* en tinas fermentadoras de madera de 800 *L* de capacidad (Figura 23), donde caben 30 piñas; después se le agregan 300 *L* de agua para propiciar la fermentación alcohólica, mediante la acción de las levaduras, que transforman los azúcares en alcohol. La duración de este proceso depende de la temperatura; de tal manera que, en la época calurosa tarda 3 o más *días*; pero cuando hace frío, se puede prolongar hasta 15 *días*. Una tina rinde aproximadamente 40 *L* en los meses fríos (enero a marzo y octubre a diciembre) y 60 *L* en los meses calorosos (abril-septiembre) (Figueroa, 2007a).

11.6 Destilación

En este proceso se separan el alcohol y el agua, aprovechando sus diferentes puntos de ebullición. El dispositivo utilizado para la destilación y redestilación es el *alambique* (Figura 24), integrado por cuatro elementos fabricados de cobre, porque posee una alta conductividad térmica, que propicia la transferencia de calor; de tal forma que, se calienta y enfría fácilmente durante el procedimiento de separación (Figueroa, 2007a).

Figura 23. Tina fermentadora (Figueroa, 2007a)

De acuerdo con Figueroa (2007a), el procedimiento de destilación, presenta las etapas siguientes:

Figura 24. Alambique instalado y funcionando (Fabrica la Minilla) en Quetzalapa, Gro. (Figueroa, 2007a)

- *Llenado del fondo*. Se llena el fondo del alambique con el mosto y bagazo contenido en la tina fermentadora. La presencia del bagazo impide que el vapor salga de manera violenta, arrastrando consigo liquido sin destilar.

- *Conexiones y sellado*. Se colocan la montera y el turbante conectados entre sí y con las partes restantes; se sellan perfectamente todos los sitios de unión, utilizando una especie de pasta llamada *masilla de maguey*, que se encuentra en la parte superior de la tina después de la fermentación. El sellado previene el escape de vapor, las pérdidas de alcohol y el descenso en la presión de salida del mezcal, retrasando la operación.

- *Calentamiento y regulación del calor*. Se enciende la leña para generar el calor; se espera durante media *hora* o más, para que salga un chorro delgado de alcohol, el cual se recolecta en garrafones. Se debe controlar muy bien la temperatura, para no retrasar la salida del mezcal, cuando está baja; o bien, si ésta se eleva, se provoca que el material contenido en el fondo, se queme y adquiera un mal sabor. El control del calor se efectúa poniendo o quitando leña, o bien, agregando agua a la leña encendida para disminuir la temperatura. El flujo de mezcal (chorro) debe ser contínuo, no intermitente (Figueroa, 2007a). El alcohol o mezcal obtenido al principio de la destilación, se le conoce como *punta o cabezas;* tiene una graduación alcohólica de 53°*G.L.* o más. Al mezcal obtenido en el tiempo restante, se le denomina *colas, fuertes* o *xixe* con menos de 53°*G.L;* se. Someten a un proceso adicional de refinación o redestilación, que se explica más adelante (Figueroa, 2007a).

▪ *Vaciado de olla.* Después de colectar todo el líquido que contiene alcohol; se apaga el fuego; se desconecta el alambique; se extrae el bagazo usando unas manillas de madera (dos horquetas unidas con cuerda); se transporta en carretilla y se acomoda en montones afuera del palenque; se extrae el líquido restante con ayuda de un bote o botella amarrada a un palo, y la olla vacía y se rellena con nuevo material.

11.7 Redestilación

El producto obtenido mediante el procedimiento descrito, se llama mezcal de primera destilación. Las *colas* o *xixes* de los últimos garrafones tiene una graduación de alcohol baja para los requerimientos del mercado (<53°*G.L.*); por lo tanto, requieren refinarse para incrementar la concentración de alcohol. El equipo y procedimiento son similares a los descritos en la destilación; sólo se tienen las variantes descritas a continuación.

▪ *Llenado.* Se agregan los fuertes o colas al fondo.

Calentamiento y control del calor. El control del calor debe ser más estricto que en la destilación, porque no existe el bagazo que funciona como barrera para regular la salida violenta de vapor; por lo tanto, hay mayor probabilidad de pérdidas de alcohol. El líquido recuperado tiene una concentración alcohólica variable de 90 a $0°G.L.$ (agua destilada).

Vaciado de la olla. Se extrae todo el líquido restante con ayuda de un bote.

XII. VALOR AGREGADO DEL MEZCAL

El producto obtenido en el alambique, antes de comercializarse, debe someterse, de acuerdo con Álvarez y Bustamante (2003), al procedimiento siguiente:

Homogeneización alcohólica. Se uniformizan los mezcales que tengan diferente graduación, mezclándolos y agitándolos en un recipiente grande (método rústico). Sin embargo, las grandes empresas lo hacen mediante una bomba centrifuga. El grado alcohólico se ajusta agregando mezcal de menor graduación hasta obtener la concentración etílica demandada por el mercado; la cual se mide con un instrumento llamado alcoholímetro.

Filtrado. Se realiza con filtros de celulosa, que retienen todos los sólidos en suspensión contenidos en el mezcal.

Llenado. Con el mezcal homogenizado, se llenan las botellas, que deben ser de vidrio y estar lavadas con agua desmineralizada.

Tapado. Las botellas se pueden tapar mecánicamente o en forma manual, colocando tapones de corcho o de madera de caoba estufada.

- _Etiquetado_. En la botella se colocan etiquetas frontal y trasera y, por último, se pone el sello o banda de garantía.

- _Embalaje_. La botella etiquetada, se limpia con una franela y se empaca en cajas colectivas; que contienen 12 botellas (de 500, 750 o 1,000 mL) o 126, si son de miniatura (50 mL).

- _Transporte_. Las cajas se transportan en vehículos a los centros de distribución, tiendas de autoservicio, licorerías, bares, billares y otros expendios afines.

XIII. COMPOSICIÓN QUÍMICA DEL MEZCAL

Es escasa la información referente a la composición del mezcal; la mayoría de los reportes están relacionados con tequila y otras bebidas alcohólicas (Molina-Guerrero *et. al., 2007)*. En 16 mezcales blancos, reposados y añejados, con y sin gusano producidos en San Luís Potosí, se identificaron 37 componentes mayoritarios (alcoholes saturados, acetato de etilo, 2-hidroxipropanoato de etilo y ácido acético) y minoritarios (otros alcoholes, aldehídos, cetonas, etil-ésteres de cadena larga, ácidos orgánicos, furanos, terpenos, entre otros (De León-Rodríguez *et al.,* 2006).En 10 mezcales comerciales jóvenes, analizados en el laboratorio, se identificaron 85 componentes (Cuadro 20); de los cuales, se han reportado 30 como odorantes importantes en otras bebidas alcohólicas y el 76 % de ellos, se han encontrado también en tequilas. Las familias de compuestos con mayor presencia son los alcoholes, los ésteres y los ácidos orgánicos. De donde se infiere que, la composición del mezcal y su variabilidad es compleja y cada componente requiere estudios adicionales para elucidar su origen y sus consecuencias en el cumplimiento de las normas oficiales y en las características sensoriales en el producto final (Molina-Guerrero *et al.,* 2007).

Cuadro 20. Compuestos orgánicos identificados en mezcales y otras bebidas alcohólicas

Grupo	Compuesto	Aroma	Grupo	Compuesto	Aroma
Acetales			**Cetonas**		
	Dietil acetal	Frutal		2-butanona	
	1,3-dietoxi propan-1-ol			3-hidroxi-2-butanona	
	1,1-dietoxipentano			3-metil ciclopentanona	
	1,1-dietoxiheptano			Ciclopent-2-en-1-ona	
	1,1-dietoxioctano			Pent-3-en-2-ona	
	1,1-dietoxinonano			Ciclopentanona	
Ácidos				Ciclohexanona	
	Ácido acético	Vinagre		Oct-1-en-3-ona	Seta
	Ácido propanoico	Frutal, ácido, floral	**Aldehídos**		
	Ácido 2-metil propanoico (isobutírico)	Frutal, sudor, grasa fenólico, pies		Acetaldehído 1,2/	químico

Cuadro 20. Continuación

	Ácido butanoico	Grasa, rancio, queso, dulce
	Ácido 2-metil butanoico	Frutal, sudor
	Ácido pentanoico	
	Ácido hexanoico	Levadura, sidra, seta, pasto, frutal, queso
	Ácido heptanoico	
	Ácido octanoico	Ácido graso, seco, sudor, queso
	Ácido nonanoico	
	Ácido decanoico	Grasa, seco, madera
Alcoholes		
	Metanol	
	Propanol	
	2-metil-1-propanol (alcohol isobutílico)	Dulce, químico, blanqueado, chocolate, mohoso
	1-butanol	Dulce fusel
	2-butanol	
	3-metilbut-3-en-1-ol	
	3-metilbut-2-en-1-ol	Herbal
	3-metil -1-butanol (alcohol isoamílico)	Dulce , frutal, fusel, plástico, alcohol, vino, pies, mohoso
	Pent-4-en-1-ol	
	3-metil-3- penten-1-ol	
	3-metil-1-pentanol	
	4-metil-1-pentanol	
	1-hexanol	Pasto verde, tostado
	4-hexen-1-ol	
	3-hexen-1-ol	
	Heptanol	
	Octan-3-ol	
	1-Octanol	
	Oct-1-en-3-ol	Seta, tierra
	1-nonanol	
	1-undecanol	
	1-hexadecanol	
	2-feniletan-1-ol 1,2	Floral, rosas, seta, dulce
	6,9-pentadecadien-1-ol	
	Tetradecandien-1-ol	

	2-metil hexanal	
Ésteres		
	Acetato de metilo	
	Acetato de etilo	
	Butanoato de etilo	Frutal, banana, piña, fresa
	Pentanoato de etilo	
	2-hidroxi-4-metil pentanoato de etilo	
	Hexanoato de etilo	Frutal, manzana, banana, fresa
	Heptanoato de etilo	
	Octanoato de etilo	Fruta madura, dulce, pera
	Nonanoato de etilo	
	9-decanoato de etilo	
	Decanoato de etilo	Dulce, lechería, canela, madera
	Dodecanoato de etilo	
	Hexadecanoato de etilo	
	Octadecanoato de etilo	
	Succinato de etilo	
	Lactato de etilo	
	Acetato de 3-metil butilo	Frutal, banana
	Butanoato de butilo	
	Butanoato de pentilo	
	Acetato de 2-feniletilo	Floral, tepache, frutal, rosas
	Propionato de 2-feniletilo	
Terpenos		
	α -Terpineol	
	Citronelol	Dulce, floral
	Linalool	Floral, frutal, dulce, especias
	Trans-linalool óxido	
	Cis-linalool óxido	
	Farnesol isómero a	
	Nerolidol	
	Limoneno	

Cuadro 20. Continuación

Furanos			**Furanos**	α -Terpineno	
	Furfural	Floral, frutal		2-etil-5-metil-furano	
	alcohol furfurílico			5-hidroximetil furfural	
	5-metil furfural			2-Pentilfurano	
	2-acetil-5-metil furano				
Fenoles			**Varios**		
	Cresol	Dulce		4-etil-1,2-dimetil benceno	
	Isocresol			Metil centeno	
	Eugenol	Clavo, especias, medicina, bálsamo		Naftaleno	
	Mequinol (p-guaiacol)	Humo, fenólico		1,8-nonadieno	
	Cuminol			1-dodecina	

Fuente: Molina-Guerrero *et al*. (2007)

XIV. CATA DEL MEZCAL

Aunque el mezcal de cada región, fabrica o productor tiene características variables, en aroma, sabor, concentración de alcohol, color, etc.; que hacen difícil la identificación de un buen mezcal tradicional, se pueden tomar como guía algunos de los consejos de gente experta (Día Siete, 2007), como los siguientes:

- Si está embotellado con marca comercial y tiene el sello de Mezcales Tradicionales, con la leyenda 100% Agave (Maguey).

- Su riqueza alcohólica mínima debe ser de 45% ALC. VOL.

- La etiqueta debe indicar la población y estado de origen, tipo de maguey y nombre del maestro mezcalillero.

- Se agita la botella para ver el perlado; si no hay perlado, se rechaza, a menos que sea una mezcla de 55 o más grados, llamados de puntas; en este caso, sólo hay perla mientras se agita.

- No se deben comprar mezcales reposados y añejados en barrica, reconocidos por su color ámbar. La madera destruye sin excepción los sabores y aromas más finos del maguey.

- Se frota entre las manos una gota de mezcal; al evaporarse, se impregna del olor a maguey cocido.

- Se saborea el mezcal en jícaras de bule o coco, o en vaso ancho.

- Se vierte el mezcal de un vaso a otro para comprobar el perlado.

- Se huele el mezcal antes de tomarlo. Se busca el olor percibido al frotarlo en las manos.

- Al oler, se cierra la boca y entonces se aspira; se entreabre ésta y se procede a oler.

- Se toma un sorbito, se enjuaga la boca por 10 segundos, sin tragarlo; se dejan salir los vapores por la nariz y se ingle toma otro sorbo, se saborea por 10 segundos antes de ingerirlo. Se perciben los olores que salen del estómago.

XV. CONCLUSIONES

En base a la investigación realizada sobre el sistema producto agave-mezcal, se infieren las conclusiones siguientes:

- El mezcal producido de agave, tiene gran aceptación popular y forma parte de las costumbres y festividades tradicionales, principalmente de las poblaciones autóctonas mexicanas.

- No existe un padrón nacional actualizado sobre superficie cultivada, productores, palenques, producción de materia prima y volumen del producto, en las entidades con denominación de origen.

- La información sobre el manejo intensivo y tecnificado del cultivo, es escasa poco disponible.

- Los factores adversos de la producción de mezcal, sobre todo: la infestación de malezas, el ataque de plagas y la incidencia de enfermedades, deben prevenirse y combatirse mediante estrategias de manejo integrado.

XVI. RECOMENDACIONES

Tomando en cuenta la información bibliográfica consultada, se proponen las recomendaciones genéricas siguientes:

- Es justo y necesario realizar una mayor inversión en la promoción del mezcal mexicano en los mercados nacional y extranjero.

- La información tecnológica generada sobre la cadena productiva agave-mezcal, requiere mayor difusión entre productores, técnicos, empresarios y demás actores de esta actividad agroindustrial.

- Es imprescindible impulsar políticas públicas para intensificar la planificación, financiamiento, organización, capacitación, asistencia técnica integral y transferencia de tecnología, para garantizar que esta cadena productiva sea exitosa.

- Es necesario continuar generando información sobre sistemas intensivos de agave en asociación con cultivos básicos, frutales, forestales, etc.; así como tratamientos de fertilizaciones química y orgánica; incidencia y control integrado de plagas y enfermedades.

- Es importante elaborar un plan de desarrollo integral de la cadena productiva agave-mezcal, con énfasis en el mercado y comercialización del producto.

XVII. BIBLIOGRAFÍA

AGROPRODUCE. 2007. Sistema Producto Maguey-Mezcal. Revista AGROproduce. Organo Informativo de fundación Produce Oaxaca A.C. 44 pp.

Aguilar, M., I. 2004a. Evaluación de efectividad biológica del insecticida Mocap contra el complejo de plagas rizófagas: gallina ciega y escarabajo rinoceronte (*Strategus aloeus* L.) en *Agave* en Chapala, Jalisco.

Aguilar, M., I. 2004b. Evaluación de efectividad biológica del insecticida Azteca (*tebupurimphos*) contra el complejo de plagas rizófagas: gallina ciega y escarabajo rinoceronte (*Strategus aloeus L.*) en Agave en Chapala Jalisco.

Aguirre R., J. R.; H. Charcas S. y J. L. Flores F. 2001. El maguey mezcalero potosino.1ª edición. Universidad Autónoma de San Luis Potosí. 87 pp.

Álvarez C., L. y J.Bustamante V. 2003. Producción y comercialización de mezcal "DON LUIS" de la SPR Agave del Sur de San Luis Amatlán, Oaxaca. Tesis de Licenciatura. Universidad Autónoma Chapingo. Chapingo, México. 109 pp.

Anónimo. 2004. Producción de maguey mezcalero por cultivo de tejidos. Revista "Guerrero sí produce" No.6. Fundación produce Guerrero. pp 13-14.

Anónimo. 2005. Fortalecimiento de cadenas productivas. Sistema producto maguey-mezcal de Guerrero. Edición internet. http://www.sagarpa.gob.mx/dlg/guerrero/agricultura/informacion /imagenes/ proyectos_maguey.pdf. Fecha de consulta: 10/12/07.

Anónimo. 2006a. Plagas y enfermedades del maguey mezcalero. Edición internet. http://www.ceniap.gov.ve/publica/divulga/fd35/texto/principales.htm. Fecha de consulta: 15 de noviembre de 2006.

Anónimo. 2006b. El escarabajo rinoceronte o del maguey. Edición Internet. http://images.google.com.mx/images?hl=es&q=strategus+aloeus. Fecha de consulta: 15 de noviembre de 2006.

Anónimo. 2006c. Ciclo biológico del chapulín *Melanoplus*. Edición internet. http://www.siafeg.com/Estudios%20de%20Riesgo/chapulin.htm#chapci clo.Fecha de consulta: 15 de noviembre de 2006.

Anónimo. 2006d.Generalidades del picudo del maguey. Edición Internet. http://es.wikipedia.org/wiki/Scyphophorus_acupunctatus. Fecha de consulta 15 de noviembre de 2006

Anónimo. 2006e. *Erwinia carotovora* pv *carotovora*. Edicion internet. http://en. wikipedia.org/wiki/Erwinia. Fecha de consulta: 15 de noviembre de 2006.

Anónimo. 2007d. Presentación de casos exitosos. Sistema producto maguey mezcal del estado de Guerrero. 2ª Reunión Nacional de Innovación Agrícola y Forestal. Edición internet. Fecha de consulta: 25/12/07.

Arredondo V., C. y H. Espinosa P. 2005. Manual del magueyero. Comisión de trabajo para el desarrollo responsable de la industria del maguey y del mezcal A. C. 142 pp.

Barrios A., A.; R. Ariza F.; J. M. Molina M.; H. Espinosa P. y E. Bravo M. 2006. Manejo de la fertilización en magueyes cultivados (*Agave* spp.) de

Guerrero. Iguala, Guerrero. México. INIFAP. Campo Experimental Iguala. Folleto técnico No.13. 44 pp.

Barrios A., A.; R. Ariza F.; A. C. Michel A.; M. A. Otero S. 2007. Como fertilizar a los magueyes de Guerrero. Desplegable Técnico Núm. 7. INIFAP. Centro de Investigación Regional Pacifico Sur. Campo Experimental Iguala.

CAB International. 2000. Crop Protection Compendium. Wallingford, UK: CAB International.

Castro B., C. 2007. Manual para la producción del cultivo de agave en el estado de Puebla. Secretaría de Desarrollo Rural del Estado de Puebla.

Cedeño M. C. 1995. Tequila production. Critical Reviews in Biotechnology. 15: 1-11.

CNSPMM.2007. Comité Nacional del Sistema Producto Maguey Mezcal A.C. Edición Internet. http://www.cnspmm.org/presentacion.html. Fecha de consulta: 04/12/07.

CONABIO. 2006. Mezcales y biodiversidad. 2ª edición. Comisión Nacional para el conocimiento y uso de la Biodiversidad. México.

Chagoya, M. V. M.2002. Apuntes para el Curso del Cultivo del Maguey Mezcalero en la Región de Alto Balsas, Estado de Guerrero. Secretaría de Medio Ambiente y Recursos Naturales (SEMARNAT).Impreso en México.25 pp.

De León-Rodríguez A.,; L. González-Hernández; A. P. Barba de la Rosa; P. Escalante-Minakata y G. López M. 2006. Characterization of volatile compounds of mezcal, an ethnic alcoholic beverage obtanied from agave salmiana. Journal of Agricultural and Food Chemistry. 54: 1337-47.

Día Siete. 2007. 1ª Saboreada de mezcales tradicionales Oaxaca 2007. Año 7. Nº 392: 49-65.

Enríquez V., del J., R. 2007. La micropropagación de agaves y su fertilización. Revista AGROproduce. No. 16. Fundación Produce Oaxaca A.C. pp16-17.

Estrada C., T. y G. Capilla F. S/A. Producción del maguey mezcalero. Colección extensión y difusión. México. 22 pp.

Figueroa C., P. 2007a. Identificación y control químico postemergente de malezas en agaves alcoholígenos en Guerrero. Tesis de Licenciatura. Centro de Estudios Profesionales. Colegio Superior Agropecuario del Estado de Guerrero. 110 pp.

Figueroa C., P. 2007b. El maguey mezcalero. Monografía. Centro de Estudios Profesionales. Colegio Superior Agropecuario del Estado de Guerrero. 68 pp.

Gentry H., S. 1982. Agaves of Continental North America. University of Arizona Press. Tucson. p. 70.

Granados S., D. 1993. Los Agaves en México. Universidad Autónoma Chapingo.1ª edición. Impreso en México. 252 pp.

Molina-Guerrero, J. A.; J. E. Botello-Álvarez; A. Estrada-Baltazar; J. L. Navarrete-Bolaños; H. Jiménez-Islas; M. Cárdenas-Manríquez y R. Rico-Martínez. 2007. Compuestos volátiles en el mezcal. Revista Mexicana de Ingeniería Química Vol. 6, No. 1: 41-50.

Noyd, K. R. 2000. Mycology Refrence Cards.The American Phytopathological Society. St. Paul, Minnesota, USA. 20 p.

Rivas L., A.; López M., I. G.; Salamanca C., M.; Alemán R., P. 2006. Evaluación de coberturas vegetales vivas para el control de malezas en agave (*Agave tequilana* Weber). Memorias del XXVII Congreso Nacional de la Ciencia de la Maleza. Ensenada B.C.

Syngenta. 2007. El Gramocil. Edición Internet. http://www.syngenta.com.mx/. Fecha de consulta: 25/04/06.

Tešević V., Nikićević N.; Jovanović A.; Djoković D.; Vujisić L.; Vućković I. and Bonić M. 2005. Volatile component from old plum brandies. *Food Techology and Biotechnology* 43 (4): 367-372.

Thomson. PLM. 2006. Diccionario de especialidades agroquímicas.16 edición. Impreso en México.1838 pp.

Buy your books fast and straightforward online - at one of the world's fastest growing online book stores! Environmentally sound due to Print-on-Demand technologies.

Buy your books online at

www.get-morebooks.com

¡Compre sus libros rápido y directo en internet, en una de las librerías en línea con mayor crecimiento en el mundo! Producción que protege el medio ambiente a través de las tecnologías de impresión bajo demanda.

Compre sus libros online en

www.morebooks.es

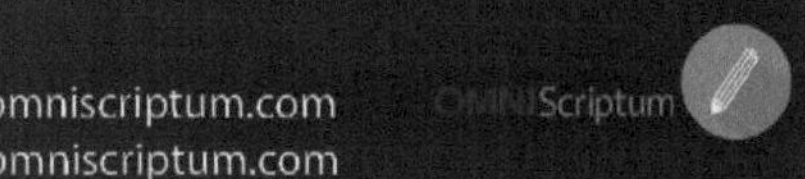

OmniScriptum Marketing DEU GmbH
Bahnhofstr. 28
D - 66111 Saarbrücken
Telefax: +49 681 93 81 567-9

info@omniscriptum.com
www.omniscriptum.com

Printed by Books on Demand GmbH, Norderstedt / Germany